Das Fahrradbuch

LAURENT BELANDO – LOUISE ROUSSEL

Das Fahrradbuch

Typen, Auswahl, Ausrüstung, Pflege, Reparatur

Einleitung

Das Buch, das Sie in Händen halten, ist das Ergebnis eines Zusammenspiels verschiedener Faktoren. Zuerst waren da die Bücher von Louise und Laurent, die Community der Radsportbegeisterten in Frankreich und der Podcast *Dans la roue*. Als 2020 Laurents Buch *Vélos nomades* erschien, begann in den sozialen Netzwerken ein reger Austausch von Bewertungen, Danksagungen und Debatten. Zur gleichen Zeit suchte Laurent Erfahrungsberichte für seinen Podcast *Dans la roue* und lud dafür abwechselnd Männer und Frauen ein, um die stark von Männern dominierte Fahrradszene zu ändern. So kam Louise dazu. Sie führten intensive Gespräche und setzten den Podcast schließlich gemeinsam um.

Einige Monate später, als Louise sich auf die Veröffentlichung von *À vos cycles! Le guide du vélo au féminin* vorbereitete, arbeitete Laurent an seinem neuen Werk, in dem das Fahrrad im Mittelpunkt steht. Und so ergab es sich fast wie von selbst, dass Louise bei diesem neuen Abenteuer, dem *Fahrradbuch,* mitgearbeitet hat.

Ein Versuch, die Fragen zu beantworten, die alle Radsportler sich stellen, und die Antworten einfach und verständlich zu formulieren.

Da sie gewissermaßen als gemischtes Doppel antraten – der eine vom Baskenland, die andere von Nordfrankreich aus –, kam es zu langen Diskussionen und zur Vertiefung unzähliger technischer Fragen. Das Ergebnis war ein sozusagen vierhändig erstelltes Handbuch, das ein breites Publikum, Neulinge und alte Hasen, Männer und Frauen, anspricht. Genau das ist das Ziel dieses Buchs: die Fragen zu beantworten, vor denen alle Radsportler irgendwann stehen, und die Antworten einfach und verständlich zu formulieren, Ratschläge, Tricks und präzise Tutorials weiterzugeben, damit Sie alles Wissenswerte über Instandhaltung, Reparaturen und Ausrüstung erfahren. Louise und Laurent haben dafür Ugo, einen professionellen Fahrradmechaniker, gebeten, ihnen sein Experten-Know-How zu verraten und die richtigen Handgriffe zu zeigen, die Ihnen bei den einfachsten wie den kompliziertesten Arbeiten helfen werden. Dabei muss eines klar sein: Dieses Buch hat nicht zum Ziel, die Arbeit von Fachleuten zu ersetzen, sondern es wird Sie darauf hinweisen, wenn Sie einen versierten Fahrradmechaniker hinzuziehen müssen.

Dinge selbst warten und reparieren zu können heißt, weniger, aber dafür besser einzukaufen, nichts mehr wegzuwerfen, nichts mehr zu verschwenden, verantwortlicher zu handeln. Darüber hinaus öffnet die Unabhängigkeit bei mechanischen Problemen noch andere Türen: Das Wissen, technischen Schwierigkeiten gewachsen zu sein, macht lange Ausflüge auf dem Rad möglich. Sie werden ganz gelassen tolle Radwanderungen oder fantastische Reisen erleben.

»Wir hoffen, dass dieses Buch Sie bei der Wartung und den Reparaturen Ihres Fahrrads unterstützen und bei all Ihren Fahrrad-Abenteuern begleiten wird.«

Louise & Laurent

Das Fahrradbuch

Inhalt

1 | Ausrüstung

Zeichenerklärung

Gut zu wissen

Tipp

Wichtig

Umwelttipp

2 Pflege

3 Reparatur

4 ... und mehr

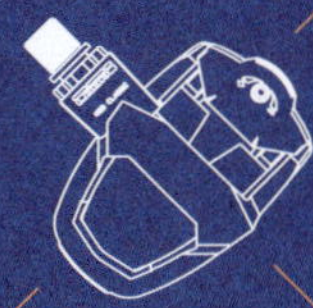
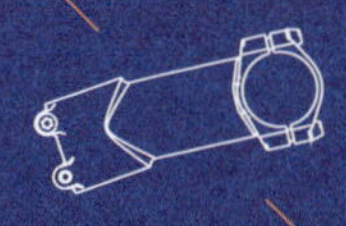

KAPITEL 1

Ausrüstung

Helm

Die erste Regel lautet: schützen Sie sich! Auch wenn das Tragen eines Helms in Deutschland nicht vorgeschrieben ist, sollte man nie ohne fahren. Es ist der einzige Schutz, den Sie bei einem Sturz auf den Boden oder einem Zusammenstoß mit einem anderen Fahrzeug haben. Warum also darauf verzichten?

C

A

B

Welcher Helm darf's denn sein?

Wählen Sie einen neueren Helm in gutem Zustand. Wenn er nicht neu ist, darf er keinen Sturz hinter sich haben, der ihn brüchig machen könnte, auch wenn äußerlich kein Riss zu erkennen ist. Die Bänder, die den Helm auf dem Kopf fixieren, dürfen nicht eingerissen oder abgenutzt sein. Ersetzen Sie den Helm im Zweifelsfall und entscheiden Sie sich für ein neues Modell!

Welche Norm gilt?

Wonach man, natürlich abgesehen von ästhetischen Merkmalen, zuerst suchen sollte, ist der Hinweis „EN 1078". Er garantiert, dass der Helm den europäischen Anforderungen und Testmethoden entspricht, insbesondere was das Konstruktionsmaterial, das Sichtfeld, die Stoßdämpfung etc. betrifft.

Die richtige Größe

Damit ein Helm bei einem Sturz wirksam ist, muss seine Größe dem Kopf perfekt angepasst sein ohne einzuengen. Deshalb müssen Sie:

1 **Den Kopfumfang messen.** Legen Sie ein Maßband etwa 2 cm über den Augenbrauen und über der größten Wölbung an der Rückseite des Schädels an.

2 **Übertragen Sie den Wert** auf die Größentabelle unten, um die Größe zu finden, die für Sie am besten geeignet ist.

Größentabelle

Die klassischen Maße eines Helms sind im Allgemeinen:

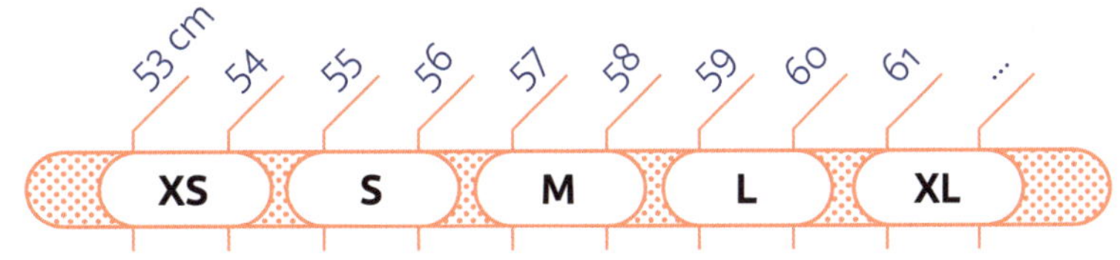

Die Größen können jedoch je nach Marke variieren. Überprüfen Sie auf alle Fälle die entsprechenden Angaben des Herstellers.

Noch besseren Schutz garantieren weitere Zertifizierungen. NTA 8776 z. B. gibt an, dass der Helm für sogenannte schnelle (nicht gedrosselte) Elektro-Fahrräder Ⓐ geeignet ist, die eine Spitzengeschwindigkeit von 45 km/h erreichen und für die eine Helmpflicht gilt. Ebenso die Technologie MIPS, die auf dem Markt großen Anklang findet und einen hohen zusätzlichen Schutz vor Schädeltraumata bietet. Bei einem Sturz absorbiert das System MIPS Ⓑ die Kraft des Aufpralls durch eine bewegliche Aufhängung der Innenschale, die verhindert, dass das Gehirn gegen die Schädeldecke stößt.

Mütze

Eine Mütze Ⓒ unter dem Helm getragen das Innere des Helms vor Schweiß und erhöht so dessen Lebensdauer – viele Radler schwören darauf, auch wenn es die Belüftung einschränkt.

Fahrrad-Airbag

Seit einigen Jahren gibt es eine Alternative zum herkömmlichen Helm. Es handelt sich um den Fahrrad-Airbag. Er wird wie ein Kragen um den Hals gelegt. Bei einem Unfall bläst sich der Airbag auf und formt um Kopf und Hals eine schützende, mit Luft gefüllte Kapuze. Dieser Airbag ist zwar teuer, aber man kann die Haare im Wind fliegen lassen und ist trotzdem sicher unterwegs.

Preise

Der Preis eines Helms liegt je nach Qualität, Ausführung und Marke zwischen 15 € und 400 €. Man sollte seinen Helm entsprechend der eigenen Fahrpraxis auswählen und nicht nur auf den Preis achten: brauchen Sie einen Helm für kurze Fahrten mit dem City-Bike, einen leichten und luftdurchlässigen Helm für mehr Komfort auf langen Ausflügen, auf Straßen oder im Gelände, einen aerodynamischen Helm für den Wettkämpfe oder einen verstärkten Helm für Fahrten auf dem E-Bike?

Beleuchtung

Wenn Sie regelmäßig mit dem Fahrrad unterwegs sind, mussten Sie bestimmt auch schon nachts fahren. Hier gilt die Regel: »Maximal sehen und gesehen werden«. Dafür ist es unerlässlich, sein Fahrrad mit einer Beleuchtung auszurüsten. Dies trifft insbesondere auf Landstraßen zu, damit man die Straße vor sich sieht, aber auch in der Stadt, wo man trotz Straßenbeleuchtung schlecht von Autofahrern gesehen wird.

Nur das Beste!

Je schlechter Sie nachts zu sehen sind, desto größer ist Ihr Risiko. Achten sie also darauf, dass Ihre Beleuchtung funktioniert und genügend stark ist. Ein Fahrrad mit schlechter oder schwacher Beleuchtung wird erst im letzten Augenblick gesehen. Auch hier gilt: ersetzen Sie die Beleuchtung im Zweifelsfall, denn die Ausstattung ist sogar beim Kauf eines neuen Fahrrads oft nicht auf dem neuesten Stand.

Wählen Sie je nach Einsatzgebiet

Je nach Fahrpraxis unterscheiden sich die Anforderungen an die Beleuchtung, besonders, was das Frontlicht angeht:

In der Stadt Ⓐ ist die Hauptgefahr, nicht von Autofahrern gesehen zu werden. Setzen Sie also unbedingt mehrere Lichter ein: blinkende LED-Lichter, beleuchtete Pedale und Helme, reflektierende Bänder an Kleidung und Rucksack usw.

Außerhalb von Städten Ⓑ ist es genauso wichtig, gesehen zu werden, darüber hinaus muss Ihre Ausrüstung genügend stark sein, um die Fahrbahn ordentlich auszuleuchten.

Im Gelände Ⓒ, wo es viele Unebenheiten und Hindernisse gibt, brauchen Sie auch ein starkes Vorderlicht, das Sie zusätzlich mit einer Lampe auf dem Helm ergänzen können, um die Strecke sowohl in Fahrt- als auch in Blickrichtung gut auszuleuchten.

Leuchtdauer und Akkulaufzeit

So wichtig die Leuchtstärke ist, so wichtig ist auch die Leuchtdauer, denn Sie müssen sich auf Ihre Beleuchtung verlassen können, egal, wie lange Ihre Fahrt dauert.

Diese Dauer wird von der Batterieleistung bestimmt. Während die Einstiegsmodelle im Allgemeinen mit Batterien bestückt sind, die man regelmäßig ersetzen muss, verwenden die höherpreisige Modelle wiederaufladbare Batterien, die entweder im Lichtgehäuse integriert sind oder – für noch längere Leuchtdauer – extern am Rahmen befestigt werden.

Die stärksten Lampen haben je nach Leuchtmodus (stark, normal, Öko, Blinklicht) und Modell unterschiedliche Akkulaufzeiten von einigen (zwei bis drei) Stunden bis zu einigen Dutzend Stunden.

Aber im Wettbewerb um die Akkulaufzeit sind Dynamos trotz des komplizierteren und kostspieligeren Einbaus die großen Gewinner. Die beim Treten erzeugte Energie wird in Elektrizität umgewandelt. Wählen Sie ein Modell mit Standlichtfunktion, das auch dann leuchtet, wenn man etwa an der Ampel steht.

E-Bikes

Bestimmte Fahrradbeleuchtungen sind speziell für E-Bikes entwickelt worden; sie werden über den Fahrradakku betrieben.

Ratgeber für Lichtstärke

Je nach Marke wird die Lichtstärke in Lumen oder Lux angegeben, aber diesen beiden Einheiten liegen unterschiedliche Messkonzepte zugrunde – was die Auswahl einer Beleuchtung nicht wirklich einfacher macht. Während Lumen dazu dienen, den Fluss des erzeugten Lichtstroms zu messen, misst man die Lichtmenge, die von einer beleuchteten Fläche aufgenommen wird, mit Lux. In letzterem Fall variiert die Lichtmenge stark mit der Entfernung, aber auch mit der Größe der beleuchteten Fläche.

Um Ihnen zu helfen, klarer zu sehen, merken Sie sich Folgendes:

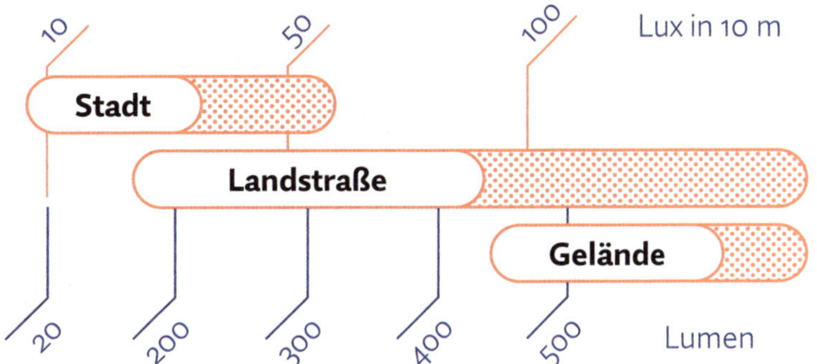

☺ Seit 2006 muss ein Scheinwerfer auf einer 10 Meter entfernten Wand eine messbare Lichtstärke von mindestens 10 Lux erzeugen. Die meisten Hersteller verbauen mittlerweile Beleuchtungen mit mindestens 15 Lux.

Klingel, Rückspiegel, Bekleidung

Im Gegensatz zu anderen Fahrzeugen hat das Fahrrad den Vorteil, leise zu sein. Der Nachteil ist, dass die anderen Straßenbenutzer Sie nicht kommen hören – und das kann für Sie gefährlich werden. Genau das ist der Zweck der Klingel: Ihr Kommen anzukündigen. Sie ist übrigens laut Straßenverkehrsordnung Vorschrift.

In der Stadt macht die Klingel in toten Winkeln auf Sie aufmerksam und kündigt Sie Fußgängern oder anderen Radfahrern an, die die Fahrbahn mit Ihnen teilen. Außerhalb der Stadt ermöglicht sie Ihnen, sich auf Radwegen oder Grünstreifen mühelos einen Weg zwischen langsameren Radfahrern, Joggern oder Spaziergängern zu bahnen. Dennoch sollten Sie es mit dem Klingeln nicht übertreiben, um z. B. Fußgänger nicht zu erschrecken. Im Zweifelsfall ist es besser, seine Geschwindigkeit anzupassen.

Wahl der Klingel

Als erstes müssen Sie überprüfen, ob die Klingel auf den Lenker Ihres Fahrrads passt: bei der Vielzahl von Lenkern mit unterschiedlichen Durchmesser keine triviale Sache. Überprüfen Sie auch die Befestigung, um sicherzustellen, dass sie einfach und robust ist.

Heute gibt es viele verschiedene Designs, von der eleganten Messingklingel bis hin zu minimalistischeren zylindrischen Ausführungen, die diskret am Lenker von Rennrädern oder Mountainbikes unterzubringen sind.

☺ Ein kleiner Tipp: kaufen Sie die Klingel bei einem Fahrradhändler, damit Sie sich eine Vorstellung vom Klang machen können ... und so den Kauf einer zu leisen oder unerträglich schrillen Klingel vermeiden.

Rückspiegel

Rückspiegel sind vor allem in der Stadt nützlich. Sie ermöglichen es, Verkehrsteilnehmer, die sich von der einen oder anderen Seite nähern, auf einen Blick zu erkennen, Gefahren durch Autos im Kreisverkehr oder auf sehr befahrenen Straßen vorherzusehen und Fahrräder oder Roller auszumachen, die auf Radwegen schneller als Sie herankommen. Manche entscheiden sich auch bei sportlicheren Ausflügen für einen Rückspiegel, um den Abstand zu Mitfahrern im Auge zu behalten, ohne dass man sich umdrehen muss und das Risiko eingeht, ins Schleudern zu geraten.

△ So praktisch ein Rückspiegel auch ist, so ersetzt er dennoch nie den schnellen Blick über die Schulter.

Verschiedene Typen

Es gibt zwei Arten von Rückspiegeln: solche, die man am Lenker anbringt, und solche, die am Helm befestigt werden. Erstere bieten ein größeres Sichtfeld, die anderen können praktisch sein, wenn man das Fahrrad regelmäßig wechselt. Ihre Wirksamkeit hängt von ihrer Größe und dem Sichtfeld ab, das sie abdecken. Auch hier ist es wichtig zu prüfen, ob der Spiegel mit dem Lenker kompatibel ist, wenn Sie diese Option wählen.

Textilien mit hoher Sichtbarkeit

Ob Sie durch Unterholz, unter einer Brücke oder durch eine Gasse fahren – wenn die Lichtverhältnisse schlechter werden, werden Sie für die anderen Verkehrsteilnehmer und besonders für Autofahrer fast unsichtbar. Bei einem sportlicheren Ausflug kann es Ihnen sogar vorkommen, dass Sie vom Einbruch der Nacht überrascht werden. Auch wenn gesetzlich das Tragen von Leuchtwesten nur nachts und außerhalb von Städten oder bei ungenügender Sicht vorgeschrieben ist, sind Textilien mit hoher Sichtbarkeit (A) Ihre besten Verbündeten, wenn es um Ihre Sicherheit geht. Fluoreszierender Stoff garantiert durch die Umwandlung von unsichtbarer Strahlung (UV-Licht) in sichtbares Licht eine gute Sichtbarkeit bei Tag. Retroreflektierende Bereiche wiederum reflektieren das Licht von Scheinwerfern und Straßenbeleuchtung und sorgen für gute Sichtbarkeit bei Nacht.

In den letzten Jahren haben die Markenhersteller enorme Fortschritte beim Design dieser Produkte gemacht und sich weitgehend von der berühmten gelben Weste (B) befreit. Junge Designer bieten Wendejacken an, die sich ideal für das Radfahren in der Stadt eignen: Sie sind schlicht und elegant, wenn Sie nicht auf dem Fahrrad sitzen, und sichtbar und sicher, wenn Sie unterwegs sind.

Welche Norm wird empfohlen?

Für Radsportler gibt es keine verpflichtenden Normen, aber wenn Sie sichergehen wollen, dass Ihre Ausrüstung effektiv ist, sollten Sie die Norm EN 1150 für Kleidung mit hoher Sichtbarkeit für den nicht professionellen Gebrauch beachten. Sie gibt an, wie groß der fluoreszierende und retroreflektierende Anteil eines Stoffes mindestens sein muss und welche Anforderungen das reflektierende Material erfüllen muss. Der Vorteil dieser Norm ist, dass sie nach allen Seiten eine hohe Sichtbarkeit bei Tag und bei Nacht gewährleistet.

Bauteile des Fahrrads

Vorbau, Tretlager, Bremssättel ... Woraus besteht ein Fahrrad letzten Endes? Auch wenn Ihnen diese Frage noch nie in den Sinn kam, ist es wichtig, die einzelnen Bauteile Ihres Fahrrads benennen zu können und ihre Funktion zu verstehen. Glücklicherweise ist das Fahrrad viel weniger kompliziert als ein Auto. Außerdem hat es sich seit mehr als einem Jahrhundert kaum verändert.

Ⓐ Oberrohr
Ⓑ Steuerrohr
Ⓒ Unterrohr
Ⓓ Sattelrohr
Ⓔ Sattelstreben
Ⓕ Kettenstreben
Ⓖ Ausfallenden

Cockpit

Das Cockpit ist der Teil des Fahrrads, auf den man die Hände stützt. Es besteht aus dem Lenker, mit dem man das Fahrrad steuert, und den Bedienelementen für Handbremsen und Gangschaltung.

Rahmen

Der Rahmen ist sozusagen die Wirbelsäule Ihres Fahrrads. Um ihn herum sind die anderen Bauteile des Fahrrads angeordnet. Er besteht aus verschiedenen miteinander verschweißten oder verklebten Rohren. Die Geometrie des Rahmens bestimmt Ihre Position auf dem Fahrrad. Der Rahmen kann aus Stahl, Aluminium, Karbon, Titan oder auch aus Holz oder Bambus sein.

Ⓐ Lenker
Ⓑ Lenkstange
Ⓒ Vorbau
Ⓓ Bedienelemente
Ⓔ Bremshebel
Ⓕ Schalthebel
Ⓖ Lenkergriffe

A B C G F D E

Ⓐ Steuersatz
Ⓑ obere Lagerschale
Ⓒ Spacer
Ⓓ Spanndeckel
Ⓔ Gabel
Ⓕ Gabelschaft
Ⓖ Sattel
Ⓗ Sitzfläche
Ⓘ Sattelnase
Ⓙ Sattelschienen
Ⓚ Sattelstütze
Ⓛ Klemmkopf
Ⓜ Klemmschraube
Ⓝ Laufrad
Ⓞ Felge
Ⓟ Speichen
Ⓠ Flansch
Ⓡ Achse
Ⓢ Reifen
Ⓣ Ventil

Lenkung

Die Lenkung sorgt für die Drehbewegung des Vorderrads.

Sattel

Der Sattel ist der zweite Stützpunkt nach dem Lenker. Seine Hauptfunktion ist Komfort.

Laufräder

Als einzige Teile mit Bodenkontakt spielen die Laufräder eine wichtige Rolle. Sie bestimmen maßgeblich den Rollwiderstand des Fahrrads und tragen zum Fahrkomfort bei.

Antrieb

Die Antriebseinheit überträgt die Pedalkraft auf das Hinterrad. Sie ist meistens mit Umwerfern ausgestattet, die über Schalthebel bedient werden. Die Kombination aus Umwerfer, Schaltwerk und Schalthebel wird als Schaltgruppe bezeichnet.

- Ⓐ Kurbelsatz
- Ⓑ Kurbeln
- Ⓒ Kettenblätter
- Ⓓ Pedale
- Ⓔ Hülsenschrauben
- Ⓕ Tretlager
- Ⓖ (Vorderer) Umwerfer
- Ⓗ Schaltwerk
- Ⓘ Laufrollenhalterung
- Ⓙ Laufrollen
- Ⓚ Kette
- Ⓛ Kassette / Ritzelpaket

- Ⓜ Scheibenbremse
- Ⓝ Bremssattel
- Ⓞ Bremsbeläge
- Ⓟ Bremsscheibe

Die Fahrrad-arten

Ein Fahrrad? Ja, aber welches? Angefangen bei Fahrrädern, mit denen man zum Einkaufen fährt, über Fahrräder, mit denen man Kinder transportieren kann, bis hin zu Fahrrädern, mit denen man in der Freizeit unterwegs ist – sie alle haben so unterschiedliche Eigenschaften, Verwendungszwecke und Stile, dass Sie sich einen Überblick verschaffen sollten, wenn Sie sich ein neues Fahrrad kaufen möchten. Da es kein Allround-Fahrrad gibt, sollten Sie sich für das Fahrrad entscheiden, das Ihren Bedürfnissen am besten entspricht, und notfalls sogar mehrere anschaffen.

Das Fahrrad, das Sie in Ihrer Garage stehen haben, ist jedenfalls schon eine gute Wahl für den Anfang. Mit ein paar Einstellungen wird es für die ersten Fahrten seinen Zweck erfüllen. Auch ein Leihfahrrad bietet Ihnen die Möglichkeit zum Ausprobieren, ohne Sie finanziell zu ruinieren.

City-Bikes

1 | Alltagsrad

Das praktische Fahrrad ist vor allem auf Komfort getrimmt. Ausgestattet mit einem großzügigen und bequemen Sattel, Schutzblechen und in der Regel einem Kettenkasten, der vor Spritzern schützt, Beleuchtung um zu sehen und gesehen zu werden, ist dieses Rad perfekt für die Stadt geeignet.

 Kleine Ausflüge, Alltagsfahrten, Einkäufe

 Lange Strecken

2 | Faltrad

Leicht zu verstauen und unauffällig braucht das Faltrad, wenn es am Zielort angekommen ist, keinen Parkplatz. Wenn es zusammengeklappt ist, passt es leicht unter einen Schreibtisch oder in einen Schrank, und macht sich sogar in öffentlichen Verkehrsmitteln zu Stoßzeiten klein.

 Tägliche Fahrten mit unterschiedlichen Verkehrsmitteln

 Bei preiswerten Modellen oft wenig Fahrkomfort

3 | Lastenrad

Der Lieferwagen unter den Fahrrädern: dazu geeignet, vorne oder hinten sperrige und schwere Lasten zu transportieren. Es hat sich mit der Zeit zur idealen Lösung für Familien entwickelt, die eine Alternative zum Auto suchen, um ihre Kinder zur Schule zu bringen oder ihre Einkäufe zu transportieren.

 Transport von sperrigen Lasten, Weg von zuhause zur Schule

 Hohes Gewicht, großer Platzbedarf

4 | Hollandrad

Elegant und stolz, ganz in Schwarz, das inoffizielle Wahrzeichen für Amsterdam und die Niederlande. Das Hollandrad ist ein großes Fahrrad mit einem hohen Lenker, um den Rücken des Besitzers gerade zu halten und so den Komfort bei niedriger Geschwindigkeit zu erhöhen.

 Komfort, geringer Wartungsbedarf

 Steile Abhänge, Steigungen

Sporträder

5 Rennräder

Das Rennrad ist das Sportrad schlechthin. Mit einem Gewicht von etwa 7 kg und seinen diversen High-tech-Ausrüstungen (Klickpedale, elektronische Gangschaltung, Carbonrahmen etc.) ist es darauf ausgelegt, lange Strecken mit hoher Geschwindigkeit und geringem Kraftaufwand zurückzulegen.

Sportliche Wochenendausflüge, längere Etappen

Mangel an Komfort

6 Mountainbikes

Ausgestattet, um schwierige Hindernisse zu überwinden: mit seinen breiten Stollenreifen und der Federung ist das Mountainbike das ideale Fahrrad für Fahrten abseits befestigter Wege. Die Familie der Mountainbikes teilt sich wiederum in Gruppen auf: Cross Country, Downhill, Fatbike, Trial Bike ...

Unbefestigte Wege, Gebirge ...

Hoher Rollwiderstand auf Straßen

7 Triathlonräder/ Zeitfahrräder

Mit seiner Geometrie, die das Gewicht des Fahrers nach vorne verlagert, ist dieser Fahrradtyp für Aerodynamik und Geschwindigkeit optimiert. Außerdem kann der Triathlet durch diese Position Muskelkraft einsparen, die er beim Laufen braucht.

Aerodynamik, Geschwindigkeit

Vielseitigkeit

Allrounder

8 | Trekkingrad

Robustes und vielseitiges Fahrrad, das den Komfort eines Alltagsfahrrads mit der Vielseitigkeit eines Gravel Bikes vereint.

 Landstraße, Fahrradreisen ...

 Gewicht

9 | Gravel Bike

Das Gravel Bike ist eine Mischung aus Rennrad und Mountainbike. Es unterscheidet sich vom älteren Cyclocross Bike durch breitere Reifen und eine Sitzposition, die besser für lange Strecken und Bikepacking geeignet ist. Es wird besonders für seine Vielseitigkeit geschätzt.

 Fahrten durch den Wald, Wochenendabenteuer

 Etwas höherer Rollwiderstand auf Straßen

10 | Fixie

Im Gegensatz zu anderen Fahrrädern hat ein Fixie – zumindest ein echtes Fixie – die Besonderheit, dass das hintere Ritzel fest mit dem Rad verbunden ist, also keinen Freilauf hat. Da es keine Gangschaltung und manchmal sogar keine Bremsen hat, wird der Fahrer eins mit seinem Fahrrad. Die Ästhetik ist der hauptsächliche Grund für den Kultstatus des Fixies.

 Spaß

 Kaum alltagstauglich

11 | E-Bike

Mit einem Motor, der das Treten über Dutzende von Kilometern hin unterstützt und eine Höchstgeschwindigkeit von 25 km/h ermöglicht, kann jeder mühelos und unabhängig vom Schwierigkeitsgrad Fahrrad fahren.

 Tägliche Fahrten, auch schwerere

 Muss regelmäßig geladen werden, bei leerem Akku schwer zu fahren

Die passende Größe

Ein wichtiger Punkt, den Anfänger manchmal außer Acht lassen: Es genügt nicht, die Sattelhöhe einzustellen, damit ein Fahrrad passt. Es gibt tatsächlich mehrere Größen für den Rahmen, die Laufräder, den Lenker, den Vorbau und sogar für die Kurbeln. Es ist daher notwendig, diese an Ihren Körperbau anzupassen, da Sie sonst im besten Fall Unbequemlichkeit und im schlimmsten Fall Schmerzen und Sehnenscheidenentzündungen riskieren.

Richtig Maß nehmen

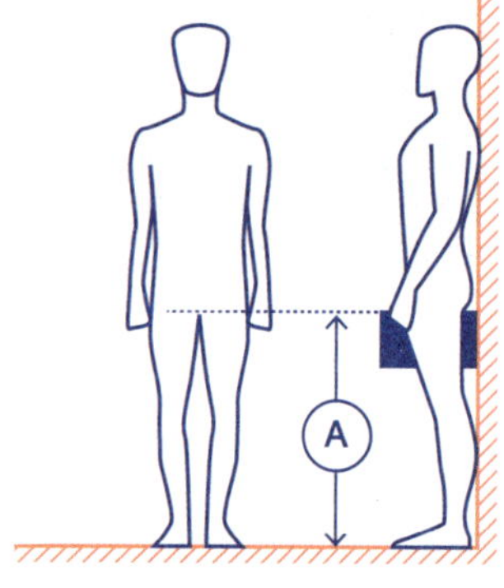

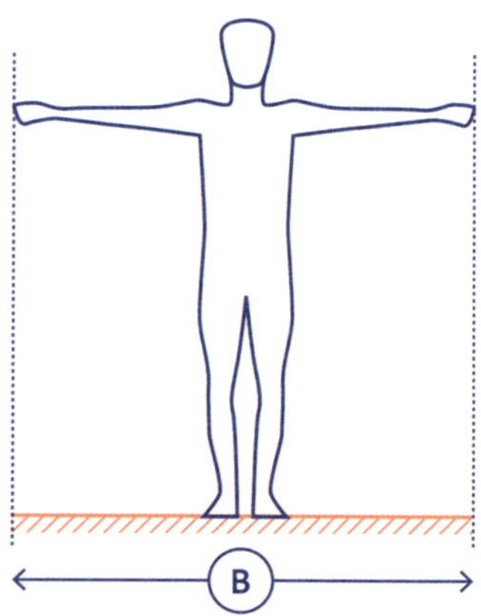

Wenn Sie nicht das Glück haben, sich ein Fahrrad von einem Handwerker maßanfertigen zu lassen, reicht Ihre Körpergröße nicht aus um herauszufinden, welcher Rahmen am besten für Sie geeignet ist. Tatsächlich kann die Länge der Glieder und insbesondere die Beinlänge bei zwei gleich großen Personen unterschiedlich sein. Daher müssen Sie zumindest Ihre Schritthöhe messen. Dieser Wert zusammen mit Ihrer Größe und der Spannweite Ihrer Arme bestimmt die Größe des Rahmens.

Die Schritthöhe messen

- Lehnen Sie sich ohne Schuhe und mit leicht gespreizten Beinen (etwa 20 cm) mit dem Rücken an eine Wand.
- Legen Sie ein Geodreieck, ein Buch o. Ä. zwischen die Beine. Es muss mit dem Damm Kontakt haben.
- Messen Sie die Entfernung zwischen Boden und Damm. (A).

Die Spannweite der Arme messen

- Lehnen Sie sich an eine Wand oder strecken Sie sich auf dem Boden aus.
- Breiten Sie die Arme aus, Handflächen nach oben.
- Messen Sie die Entfernung zwischen den beiden Enden Ihrer Arme. (B).

Affenindex = Armspannweite (cm) / Körpergröße (cm)

Größentabelle

Vergleichen Sie die Werte dann mit folgender Tabelle, um die richtige Fahrradgröße zu finden:

Schritthöhe (cm)	Körpergröße (m)	Rahmengröße Rennrad (cm)	Rahmengröße MTB (")	Rahmengröße Standard
68 -> 74	1,52 -> 1,64	48	14	XS
75	1,65 -> 1,66	50	16	S
76	1,67 -> 1,68			
77	1,69 -> 1,70	52		
79	1,71 -> 1,74			
81	1,75 -> 1,78	53	18	M
82	1,79 -> 1,80			
84	1,81 -> 1,82	54		
86	1,83 -> 1,84	55	21	L
87	1,85 -> 1,87	56		
90	1,88 -> 1,89	57		
91	1,90 -> 1,92	60	22	XL
92	1,92 -> 1,94			
93	1,94 -> 1,98	> 60	24	XXL
> 94	1,98 -> 2,00 und mehr			

Diese Größen können je nach Marke variieren. Halten Sie sich an die Angaben des Herstellers.

Wie bestimmt man die Rahmengröße?

Es gibt mehrere Kriterien für die Größe eines Rahmens. Früher entsprach die Rahmengröße in der Regel der Höhe des Sattelrohrs und wurde in Zentimetern oder in Zoll angegeben. Sie kann von der Tretlagerachse bis zur Sattelstützenklemme gemessen werden und sollte entsprechend Ihrer Schritthöhe gewählt werden. Gemeint ist der Abstand zwischen Ferse und Schritt.

Aber mit dem Aufkommen moderner Geometrien (Y-Rahmen) und von »Sloping«-Rahmen mit schräggestelltem Oberrohr) bei Mountainbikes und später Rennrädern, wurden die Dinge etwas komplizierter. Während einige Hersteller weiterhin die alten (jetzt also virtuelle) Größen verwendeten, begannen andere, standardisierte Größen (XS, S, M, L und XL) zu verwenden.

Zwischen zwei Größen?

In diesem Fall bestimmt Ihre Armlänge, ob sie ein größeres oder kleineres Fahrrad brauchen.

Man spricht dann von einem Affen-Index. Dieser Index gibt das Verhältnis von Ihrer Körpergröße und Ihrer Armspannweite an. Wenn der Wert größer ist als 1, sind Ihre Arme etwas länger als durchschnittlich. Wählen Sie dann die nächsthöhere Größe. Ist er kleiner als 1, wählen Sie eine Größe darunter.

Und für Frauen?

Das richtige Fahrrad für die eigene Körpergröße zu wählen ist besonders wichtig für Frauen, die durchschnittlich längere Beine, einen kürzeren Oberkörper und weniger breite Schultern haben als Männer. Einige Marken bieten Modelle, die besonders für den weiblichen Körper konzipiert sind. Das bedeutet meistens ein kürzeres Oberrohr, einen schmaleren Lenker und kürzere Kurbeln.

Frauen, die ein Herrenfahrrad wählen, sollten sich für ein Rad mit kompakterer Geometrie entscheiden, so wie z. B. Fahrräder für Ausdauertraining.

Laufräder

RAGE TT
MAVIC
27,5X2,00
60 PSI
CORSA
GRAPHENE 2.0
ULTRADYNAMICO
CAVA
A
B

Die Laufräder werden aus rein kommerziellen Gründen häufig in den Hintergrund gedrängt, sind aber dennoch ein hochentwickeltes Bauteil, das eine wichtige Rolle spielt. Wie bei allen rotierenden Teilen hängt auch bei den Laufrädern viel davon ab, wie gut die Energie übertragen wird. Die Reifen wiederum haben die wichtige Aufgabe, unabhängig von der Art des Straßenbelags den Kontakt zwischen Boden und Fahrrad zu gewährleisten.

Die Wahl der Laufräder und Reifen, die Sie montieren, beeinflusst also das Fahrverhalten des Rads entscheidend.

Wie wählt man einen guten Laufradsatz?

Leider findet man sehr wenig Angaben darüber, was die Qualität eines guten Laufradsatzes ausmacht, da die Hersteller absichtlich sehr vage bleiben, was den Unterschied zwischen ihren Einsteiger- und Spitzenmodellen angeht. Sie sollten jedoch wissen, dass es in der Regel auf die Nabenkonstruktion, die Wahl der Lager sowie die Steifigkeit und die Materialauswahl von Felgen und Speichen ankommt. Ein gutes Laufrad ist leicht und steif, und sein Gewicht ist so weit wie möglich nach außen verlagert. Im Gegensatz dazu ist ein Laufrad der untersten Preisklasse schwerer und hat minderwertige Lager, die Ihnen das Gefühl geben, ständig gebremst zu werden, und mit der Zeit schnell verschleißen.

Reifenwahl ohne Vorurteile

Während bisher Rennradreifen schmal und leicht Ⓐ und Mountainbike-Reifen breit und stark profiliert waren Ⓑ, so geht der Trend heute auch auf der Straße zu breiteren Reifen mit größerem Querschnitt.

Entgegen der landläufigen Meinung hat die Breite eines Reifens bei weniger als 35 km/h tatsächlich nur wenig Auswirkung auf die Aerodynamik. Der Rollwiderstand ist bei einem schmalen und vor allem weniger profilierten Reifen geringer als bei einem breiteren Reifen.

Somit kann man bei gleicher Leistung den Druck in einem breiten Reifen reduzieren und dadurch erheblich an Komfort und damit an Ausdauer gewinnen. Wir empfehlen Ihnen daher – so überraschend es auch klingen mag – sogar für Ihr Rennrad Reifen mit einem größeren Querschnitt zu wählen, vorausgesetzt, sie sind nicht allzu schwer.

Und das gilt ebenso für Mountainbikes, die mit einem großen Reifenquerschnitt bei geringem Reifendruck und sogar ohne Stollen einen besseren Grip haben! Eine weitere gängige Meinung ist ja, dass Stollen im Gelände für bessere Straßenhaftung sorgen. Doch das stimmt nicht ganz, denn dies hängt enorm von der Art des Untergrunds ab, auf dem Sie fahren.

Die Kontaktfläche ist so gering, dass das Reifenprofil fast keine Auswirkung auf die Straßenlage hat.

Übrigens ist bei City-Bikes und Rennrädern die Kontaktfläche so gering, dass das Reifenprofil fast keine Auswirkung auf die Straßenlage hat. Häufig dient es nur Marketingzwecken.

Etwas vereinfacht könnte man sagen, je breiter Ihre Reifen, desto größer ist Ihr Komfort und die Bodenhaftung im Gelände. Mit schmäleren Reifen hingegen gewinnen Sie an Leichtigkeit und Aerodynamik.

Fahrradschläuche

Es gibt ebenso viele Schlauch- wie Reifengrößen, aber Schläuche sind recht flexibel, weshalb sie in der Regel für eine Reifengröße angegeben werden, die von einem Mindestwert bis zu einem Höchstwert reicht. Der Preis von Fahrradschläuchen kann je nach Gewicht und ihrer Widerstandsfähigkeit gegen Schäden variieren. Sie sollten sich vor dem Kauf auch vergewissern, dass die Art des Ventils zu den Felgen passt: in der Regel »Presta« bzw. »Sclaverand« für Rennräder und »Schrader« für Mountainbikes.

Tubeless-Reifen

Tubeless-Reifen kommen ohne Schlauch aus. Kleinere Lecks am Ventil, den Speichenlöchern etc. werden durch ein Dichtungsmittel (eine Latexemulsion) geschlossen, das regelmäßig nachgefüllt werden muss. Dieses Dichtungsmittel verstopft entstehende Löcher sofort. Lange Zeit war diese Technik Mountainbikes vorbehalten, heute wird sie zunehmend bei allen Fahrradtypen verwendet und reduziert Pannen deutlich. Sie verhindert das Einklemmen durch Stöße und verbessert den Fahrkomfort, da die Reifen mit weniger Luftdruck gefahren werden. Wer einmal Tubeless-Reifen ausprobiert hat, möchte sie nicht mehr missen. Diese Technik hat jedoch auch ihre Nachteile. Wenn der Reifen z.B. platzt, kann die Versiegelung, die bei Luftkontakt ja sofort fest wird, für hartnäckige Rückstände auf Felgen und Speichen sorgen, die Reparatur und Reinigung erheblich erschweren.

29 Zoll oder 700 mm? Orientierung im Größendickicht

Es ist nicht immer leicht, sich inmitten der zahlreichen neueren und älteren Standards, die die Größe von Felgen, Reifen und Schläuchen festlegen, zurecht zu finden. Auch wenn die ISO (Internationale Organisation für Normung) und die ETRTO (European Tyre and Rim Technical Organisation) versucht haben, eine allgemeingültige Norm (die Norm ISO 5775) festzulegen, so werden doch die früheren Bezeichnungen immer noch häufig verwendet.

Unabhängig von den verwendeten Bezeichnungen müssen Sie jedenfalls den Durchmesser Ihres Reifens (Innendurchmesser bei der ISO-Norm und den ungefähren Außendurchmesser bei der französischen und angelsächsischen Notation) und seine Breite kennen.

Zum Beispiel hat eine Felge für ein Rennrad oder City-Bike heutzutage normalerweise einen Nenndurchmesser von 622 mm (700 C nach der alten französischen Schreibweise, 28 Zoll nach der angelsächsischen Schreibweise) und eine Breite von 19 mm, sodass je nach Rahmen Reifen mit einer Breite von 19 mm bis 40 mm oder mehr aufgezogen werden können.

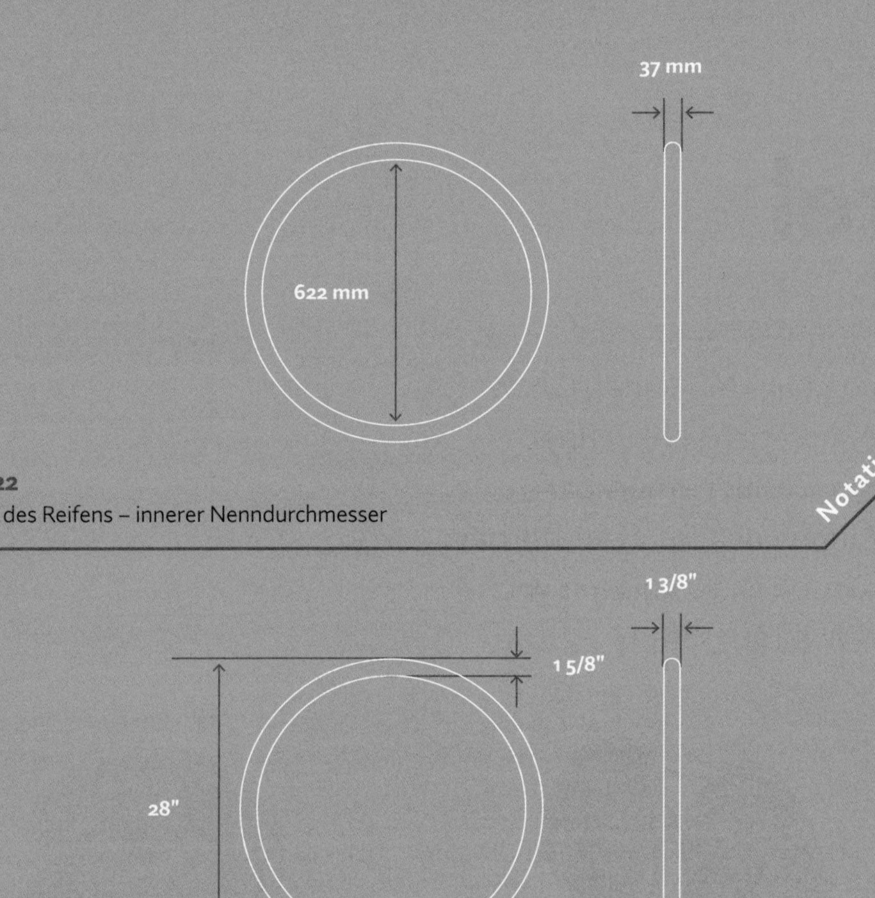

37-622
Breite des Reifens – innerer Nenndurchmesser

Notation ISO (ETRTO)

28 × 1 5/8 × 1 3/8
Ungefährer Außendurchmesser x Reifenhöhe x Reifenbreite

Notation in Zoll

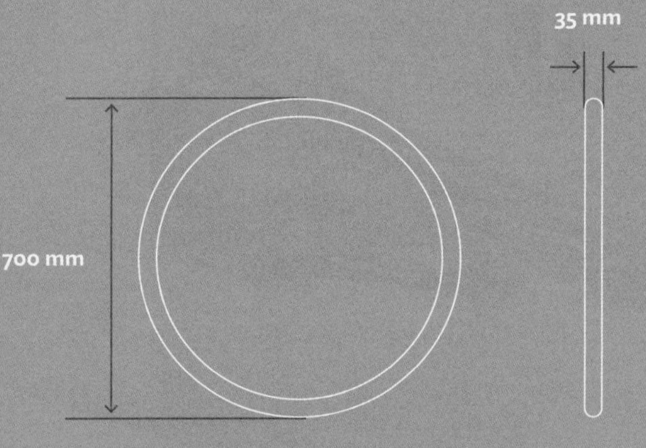

700 × 35 C
Ungefährer Außendurchmesser x Reifenbreite

Französische Notation

Sattel

Wenn es um Komfort geht, denkt man zweifellos zuerst an den Sattel. Ohne guten Sitz können sich sehr schnell Schmerzen am Gesäß bemerkbar machen und Ihnen den Spaß verderben. Aus diesem Grund ist es äußerst wichtig, eine gute Wahl zu treffen.

Schmaler Sattel

Becken	schmal
Sitzposition	nach vorne geneigt
Einsatzbereich	Rennrad Triathlon

Breiter Sattel

Becken	breit
Sitzposition	aufrecht
Einsatzbereich	tägliche Fahrten MTB-Touren Langstrecken

Wie wählt man den richtigen Sattel?

Den richtigen Sattel auszuwählen ist nicht ganz einfach, und erfahrene Radsportler wissen das nur zu gut. Wenn sie einmal den Sattel gefunden haben, der Ihnen zusagt, würden sie ihn um nichts in der Welt tauschen. Es ist nicht ungewöhnlich, dass man mehrere ausprobieren muss, bis man den richtigen findet, und auch ein angeblich bequemer Sattel sagt Ihnen möglicherweise nicht zu.

Die richtige Breite

Die drei wichtigsten Faktoren, die bei der Auswahl berücksichtigt werden sollten, sind: die Statur des Radfahrers, sein Fahrstil und der verwendete Fahrradtyp. So hängt die Breite des Sattels sowohl von der Breite Ihres Beckens als auch von Ihrer Sitzposition auf dem Rad ab. Wählen Sie einen schmaleren Sattel, wenn Sie ein schmales Becken haben, oder umgekehrt. Auf die gleiche Weise eignet sich ein breiterer Sattel eher für eine aufrechte Sitzposition, während ein schmaler Sattel eher zu einer nach vorne gebeugten Position passt.

Wählen Sie keinen zu breiten Sattel, der Sie in Ihrer Beweglichkeit einschränken und schmerzhafte Reibungen verursachen könnte.

Und für Frauen?

Im Gegensatz zu Männern haben Frauen ein breiteres Becken. Einige Marken bieten Modelle für Damen an, ansonsten sollten Sie breitere Sättel bevorzugen.

Perineale Druckentlastung (A)

Einige Sättel sind mit einer perinealen Druckentlastung ausgestattet. Es handelt sich um eine Öffnung in der Mitte des Sattels, die dazu dient, den Druck auf den Dammbereich und insbesondere den Pudendusnerv zu reduzieren.

Ledersättel (B)

Ledersättel gelten als besonders bequem, da sie sich nach einer Eingewöhnungsphase an Ihre Körperform anpassen. Leder ist fest und geschmeidig. Mit Recht schwören manche darauf. Doch Vorsicht, Ledersättel sind witterungs- und insbesondere regenempfindlich. Sie müssen regelmäßig gepflegt werden, da sie sonst ausleiern und kaputtgehen.

Die in Frankreich immer noch handwerklich hergestellten Sättel der Marken Berthoud und Idéale sind seit Jahrzehnten ein Begriff für Langstreckenradfahrer, genauso wie die englischen Brooks-Sättel.

Pedale

Zunächst werden Sie mit herkömmlichen Pedalen, sogenannten »Flatpedalen«, mit dem Radfahren beginnen. Die Frage, ob Sie auf Klickpedale umsteigen sollten, wird sich wahrscheinlich erst bei einer sportlicheren Fahrweise stellen. Klickpedale haben viele Vorteile, auch wenn sie zunächst etwas einschüchternd wirken.

Die verschiedenen Pedaltypen

Flatpedale (A)

Sie werden hauptsächlich für Fahrten in der Stadt, für Ausflüge oder Reisen verwendet. Es gibt verschiedene Plattformgrößen, die jeweils mehr oder weniger Halt bieten.

Pedale mit Käfig und Riemen

Die klassische Methode, den Fuß am Pedal zu fixieren, ist heute fast ausgestorben. Klickpedale ermöglichen einen leichteren Ausstieg und erhöhen damit die Sicherheit.

Klickpedale mit flacher Rückseite (B)

Sie sind interessant, wenn Ihr Fahrrad mehreren Verwendungszwecken dient: die eine Pedalfläche ist flach, ein Klickmechanismus (häufig SPD) auf der anderen Seite lässt Schuhe mit kompatiblen Cleats (Schuhplatten) einrasten.

Klickpedale für Rennräder 

Für Rennräder sind die Cleats (3 Befestigungspunkte) größer und erhöhen die Steifigkeit und die Befestigungsfläche des Fußes auf dem Pedal, um die Effizienz zu steigern. Dafür kann man jedoch nicht normal mit ihnen gehen.

Klickpedale für Mountainbikes (D)

Diese Cleats (2 Befestigungspunkte) werden bei Mountainbikes und im Radtourismus verwendet. Sie sind kleiner, fügen sich besser in die Schuhsohle ein, und man kann fast normal mit ihnen gehen.

Vorteile von Klickpedalen

Da Sie den Schuh auf dem Pedal einrasten lassen, können Sie nicht abrutschen. Ihr Fuß wird festgehalten und hebt auch auf buckligem oder unebenem Gelände nicht ab. Der am häufigsten erwähnte Vorteil ist der Gewinn an Effizienz: während bei Flatpedalen die Energie nur mit dem Bein übertragen wird, das von oben in das Pedal tritt, kann bei Klickpedalen Energie auch mit der Zugbewegung des Beins auf dem gegenüberliegenden Pedal weitergegeben werden. Das Bein, das in das Pedal tritt, wird damit entlastet, und Ihr Kraftaufwand wird besser genutzt. Sie sind effizienter, Ihr Treten ist flüssiger, Sie haben mehr Kraft und ermüden nicht so schnell.

Wenn die Pedale und die Schuhplatten richtig eingestellt sind, wird Ihr Tritt flüssiger und damit gelenkschonender. Das muss man üben, aber es lohnt sich!

Wie baut man Ängste ab?

Anfangs kann der Wechsel zu Klickpedalen Angst machen: Angst, nicht rechtzeitig aus dem Pedal zu kommen, Angst, zu stürzen ... Um solche Ängste abzubauen, können Sie zunächst die Spannung des Mechanismus so weit wie möglich lockern. Der Fuß hat dann weniger Halt, lässt sich aber leichter ausklicken. Um den Mechanismus zu verstehen, können Sie das Ein- und Ausklicken mehrmals im Stand üben, damit Sie mit der Bewegung vertraut werden. Gewöhnen Sie sich an, immer mit dem Schuh auszusteigen, der auf dem unten befindlichen Pedal aufliegt. Das muss eine fließende Bewegung werden: Pedal nach unten treten – wenn es unten ist, Ferse nach außen drehen. So verhindern Sie den zeitlupenhaften Sturz beim Anhalten. Der ist zwar in der Regel nicht gefährlich, aber ein schwerer Schlag für das Ego!

Gegen Schweiß

Je nachdem, wie Sie das Fahrrad nutzen, kann Schwitzen ein echtes Handikap sein: das ist z. B. der Fall, wenn Sie mit dem Fahrrad zur Arbeit fahren oder wenn Sie mit leichtem Gepäck reisen. Es gibt zwar einige Tricks, um weniger zu schwitzen, aber das Wichtigste ist immer noch eine gute Ausrüstung.

Weniger schwitzen?

Wenn Sie regelmäßig fahren, können Sie die Intensität des Schwitzens etwas kontrollieren: Ihr Körper gewöhnt sich an die Anforderung und Sie können auch den Grad Ihrer Anstrengung leichter steuern. Vermeiden Sie es, im Sprint zur Arbeit zu fahren, außer Sie können nach der Ankunft duschen.

Wenn Sie viel schwitzen, verzichten Sie im Sommer auf Rucksäcke: sie verhindern, dass der Rücken belüftet wird.

Welche Ausrüstung ?

Im Allgemeinen ist die »Drei-Schichten-Regel« die beste Empfehlung, die man Ihnen geben kann: Wählen Sie eine gute, atmungsaktive untere Schicht, eine isolierende mittlere Schicht und darüber eine atmungsaktive Wind- oder Regenjacke. Ziehen Sie diese drei Schichten immer einer Daunenjacke vor, und meiden Sie nicht-atmungsaktive wasserdichte Jacken, die wie ein Schwitzkasten wirken.

Um nicht durchgeschwitzt zur Arbeit zu kommen, meiden Sie bestimmte Materialien wie z. B. Baumwolle. Wählen Sie lieber atmungsaktive Materialien wie Merinowolle, die Schweiß ableitet und den Schweißgeruch reduziert. Wenn Sie sich an Ihrer Arbeitsstelle duschen und umziehen können, nehmen Sie am besten ein Sporttrikot aus synthetischem Gewebe Ⓐ, das die gleichen Eigenschaften wie Merinowolle hat, und sorgen Sie für Ersatzkleidung.

Für sportliche Aktivitäten oder wenn Sie bei großer Hitze intensiv Rad fahren, können Sie als erste Schicht ein Fahrradunterhemd tragen: es ist in der Regel ohne Ärmel und leitet den Schweiß durch grobmaschiges Gewebe ab. Ihre Haut bleibt trocken und Sie fühlen sich wohler Ⓑ.

Wählen Sie für das Trikot sehr atmungsaktive Materialien: synthetische Stoffe und, wenn möglich, Oberflächen aus Mesh-Stoff, der dank der weit auseinander liegenden Maschen eine hervorragende Belüftung ermöglicht. Verschiedene Bekleidungsproduzenten bieten Trikots mit Einsätzen aus Dry Clim® an, die den Schweiß gut nach außen leiten. Die synthetischen Fasern sorgen dafür, dass der Körper jederzeit seine ideale Temperatur behält und man weder Kälte noch Feuchtigkeit spürt.

Wenn Sie kein Fan von Lycra und zu eng anliegender Kleidung sind, können Sie auch legere Sachen wählen: Trikots aus atmungsaktiven Naturfasern wie Merinowolle und Shorts Ⓒ, die mehr Luft durchlassen, um Ihre Oberschenkel zu belüften. Es gibt zum Beispiel sehr leichte Shorts, die superangenehm zu tragen sind und Ihnen die typische Radlerhosen-Bräune erspart.

Und UV-Strahlung?

Wenn es heiß ist, ist das Schwitzen nicht Ihr einziger Feind. Sie müssen sich auch vor UV-Strahlen schützen, die Ihre Haut und Ihre Augen angreifen. Die Helmmütze Ⓓ schützt Ihren Kopf, eine Brille ist unerlässlich, und Sonnencreme ist eine der besten Schutzmaßnahmen. Mehrere Produzenten bieten auch sehr leichte Textilien mit UV-Barrieren an, die einen guten Sonnenschutz bieten.

Grünere Kleidung

Einige Hersteller wie z. B. Vaude haben sich in den letzten Jahren sehr um nachhaltige Produktion und Produkte bemüht: Herstellung synthetischer Textilien aus Recycling-Material wie z. B. Plastikflaschen, weniger umweltschädliche Färbeprozesse, in Europa zentrierte Produktionswege, um schlechte Klimabilanz langer Transportwege zu vermeiden, oder auch neue Verpackungen, um weniger Plastik zu verbrauchen.

Gegen Kälte

Es ist nicht immer leicht, sich bei kaltem (oder sogar sehr kaltem) Wetter zum Radfahren zu motivieren. Doch wenn Sie es schaffen, trotzdem einen Fuß vor die Tür zu setzen, haben Sie schon gewonnen: Wenn Sie in Bewegung bleiben und in eine gute Ausrüstung investiert haben, werden Sie auf dem Fahrrad nie frieren – und Sie werden viel Spaß haben. Radfahren im Winter hilft Ihnen, in Form zu bleiben, damit Sie das Radfahren an sonnigen Tagen wieder voll genießen können.

Die Drei-Schichten-Regel

Um eine gute Körpertemperatur aufrecht zu erhalten und Schwitzen und feuchte Kleidung während der Fahrt zu vermeiden, sollten Sie die bereits erwähnte Drei-Schichten-Regel befolgen: tragen Sie eine Schicht atmungsaktiver Unterwäsche (z. B. ein Fahrradunterhemd aus Merino-Wolle oder synthetischem Gewebe), darüber eine mittlere, isolierende Schicht (ein Trikot mit langen Ärmeln) und schließlich eine atmungsaktive schützende Schicht (Wind- oder Regenjacke, Jacke).

Vermeiden Sie es, sich zu warm anzuziehen: Wenn Sie z. B. eine dicke Daunenjacke tragen, schwitzen Sie. Der Schweiß befeuchtet die Daunen und Ihre Jacke verliert sofort an Wirkung.

Schutz der Extremitäten

Die Extremitäten sind besonders kälteempfindlich, und ihre Temperatur wirkt sich auf Dauer auch auf die Körperkerntemperatur aus. Sie können sich mit Handschuhen (A) schützen, wenn nötig in Kombination mit Unterziehhandschuhen. Socken aus Merinowolle (B) schützen die Füße gut gegen Kälte. Nehmen Sie lange Socken, damit die Knöchel gut bedeckt sind. Sie können Ihre Ausrüstung mit Fahrrad-Überschuhen (C) aus Neopren ergänzen, die Sie vor noch kälteren Temperaturen und gegebenenfalls vor Regen bewahren.

Zusätzliches Zubehör

Tragen Sie einen Schlauchschal (D), um zu verhindern, dass Zugluft an Ihren Oberkörper kommt. Merinowolle trocknet schneller bei Kondenswasser, das beim Atmen entsteht, wenn man den Schal zum Schutz bis zur Nase hochzieht. Wer empfindliche Ohren hat, sollte Ohrenschützer (E) oder eine spezielle Radfahrer-Schapka oder -Uschanka (F) tragen!

Hand-, Fuß- und Rückenwärmer

Sie sind weder nachhaltig noch ökologisch – deshalb verwenden wir sie auch nicht -, aber wer tatsächlich unter Kälte leidet, sollte wissen, dass es Wärmer gibt, die man sich unter die Füße oder auf den Rücken kleben oder in Handschuhe einlegen kann. Ihre Wärme hält mehrere Stunden lang.

Gegen Regen

In manchen Regionen fährt man nicht oft, wenn man nicht auch bei Regen fährt (was die Nordfranzosen und die Basken sagen, gilt auch für die Niedersachsen). Ein Sprichwort lautet jedoch: »Es gibt kein schlechtes Wetter, nur schlechte Ausrüstung.«

Welche Kleidung sollte man wählen?

Als erstes sollte man den Oberkörper mit einer wasserdichten und atmungsaktiven Jacke (A) schützen (Vorsicht: manche gewachsten oder wasserdichte Regenjacken sind überhaupt nicht atmungsaktiv, und Sie fühlen sich schnell wie in einem Brutkasten). In der Stadt schützen Regenponchos auch Ihre Beine.

Wählen Sie bei starken Niederschlägen Regenhosen (B), die die Beine komplett bedecken (und manchmal sogar die Schuhe). Sie müssen wissen, dass man zwar relativ leicht geeignete Modelle für City- und Mountainbikes oder für Reisen findet, es jedoch für Rennräder schwieriger ist: der Schnitt muss enger sein, um die Aerodynamik nicht zu stören, und die Intensität der körperlichen Anstrengung erfordert auch ein genügend atmungsaktives Material, in dem Sie nicht übermäßig schwitzen.

Denken Sie daran, Ihre Extremitäten gut zu schützen: für die Füße gibt es wasserdichte Überschuhe (C) oder Regengamaschen. Da es jedoch manchmal schwierig ist, sie überzuziehen, ist es besser, mit wasserdichten Zehenkappen zu fahren. Sie sind weniger effektiv, weil sie nicht den ganzen Fuß umhüllen, aber praktischer. Es gibt auch wasserdichte Socken und Schuhe, die besser aussehen als alle hier vorgeschlagenen Lösungen. Handschuhe aus Merinowolle halten die Hände warm und trocknen schnell. Es gibt auch wasserdichte oder zumindest wasserabweisende Handschuhe.

☺ Wenn Sie z.B. auf einer Reise bei strömendem Regen fahren müssen, sind Gummihandschuhe zwar hässlich, aber sehr effektiv.

Denken Sie an die Sichtbarkeit!

Bei grauem oder regnerischem Wetter sind Sie auch in der Stadt weniger sichtbar: wählen Sie Ihre Kleidung deshalb in leuchtenden oder sogar fluoreszierenden (D) Farben oder mit reflektierenden Partien.

Die Bedeutung von Schutzblechen

Schutzbleche (E) sind vor allem für Beine und Gesäß ein wichtiger Schutz vor Spritzwasser. Sie sind kein Luxus, egal ob Sie einen langen Ausflug machen, zur Arbeit fahren oder auf einem vom Regen aufgeweichten Mountainbike-Parcours unterwegs sind.

Es gibt verschiedene Typen von Schutzblechen: vom gut deckenden Schutzblech für die Stadt über das leichte Schutzblech für die Straße bis hin zum kleinen, faltbaren Schutzblech (»Ass Saver«), das man einfach am Sattel befestigen kann. Schutzbleche für Mountainbikes wiederum sind größer und kürzer. Bevor Sie Geld ausgeben, sollten Sie überprüfen, ob das Schutzblech mit der Größe Ihrer Reifen und den Befestigungsmöglichkeiten an Ihrem Rad kompatibel ist.

Passen Sie Ihre Fahrweise an!

Um im Regen sicher zu fahren, müssen Sie Ihre Fahrweise etwas ändern: Beginnen Sie rechtzeitig zu bremsen, da der Bremsweg auf nassem Boden länger ist. Lassen Sie sich in Kurven Zeit, um nicht wegzurutschen, und lassen Sie etwas Luft aus den Reifen, damit sie griffiger sind.

Bei sehr schlechtem Wetter ist eine zusätzliche Portion an Höflichkeit dringend angeraten: der Regen ist für alle unangenehm, aber an sich nicht gefährlich! Also seien Sie nett und lassen Sie den Fußgänger oder Rollerfahrer vorbei, der schon seit ein paar Minuten wartet, um die Straße zu überqueren …

Schuhe

Es gibt viele verschiedene Modelle von Fahrradschuhen, je nach Ihrem Budget, ihrer Verwendung, dem Pedaltyp, den Sie verwenden, und auch Ihren Ansprüchen: eher leicht und leistungsstark? Oder mit Stil? Komfort? Grip?

Schuhmodelle je nach Einsatzbereich

Wenn Sie Websites von Designern von Fahrradschuhen durchsuchen, finden Sie hauptsächlich zwei Kategorien:

Fahrradschuhe für Rennräder: Sie sind sehr leicht und steif, um die Kraft des Fahrers gut zu übertragen.

Fahrradschuhe für Mountainbikes: Sie haben profilierte Sohlen und sind robuster, damit man damit gehen und das Fahrrad schieben oder tragen kann.

Man könnte noch City-Bike-Schuhe in einem eher lässigen Stil anführen, mit denen man leicht vom Fahrrad ins Büro (oder Restaurant) wechseln kann. Am besten wenden Sie sich vor der Wahl an Ihren Fahrradhändler, der Ihnen bestimmt raten kann, welcher Schuh am besten zu Ihrer Fahrradpraxis passt.

Sohle und Schuhplatten

Das ist eines der wichtigsten Dinge, die Sie vor der Wahl Ihrer Schuhe überprüfen müssen. Passend zu den unterschiedlichen Pedaltypen (siehe S. 32) gibt es drei verschiedene Arten von Sohlen:

Sohlen, die mit **Look Kéo Schuhplatten** für Rennräder kompatibel sind;

Sohlen die mit **SPD-Schuhplatten** für Mountainbikes oder Trekkingräder kompatibel sind;

flache Sohlen, die **nicht für Schuhplatten** vorbereitet sind.

Davon ausgehend gibt es zwei Kriterien, die Ihnen bei der Auswahl helfen:

Das Material der Außensohle: Ist es aus Karbon, so ist die Sohle sehr steif, um eine gute Energieübertragung auf das Pedal, d.h. auf das Fahrrad zu gewährleisten. Ein anderer Vorteil ist, dass Karbon ein sehr leichtes Material ist; der Nachteil, dass die Sohle ziemlich unbequem sein kann, da sie sehr steif ist. Die Sohlen können auch aus Nylon, Fiberglas oder Polyamid sein, was sie bequemer macht.

Die Form der Sohle, und insbesondere die Tatsache, ob sie mit oder ohne Stollen sein soll (A). Eine völlig glatte Sohle ist für City-Bikes oder Rennräder geeignet, aber bei Mountain- oder Gravel Bikes sind Stollen- bzw. Profilsohlen für einen besseren Grip erforderlich.

Schuhverschlüsse

Die verschiedenen Arten von Schuhverschlüssen geben Ihrem Fuß mehr oder weniger Halt, haben also einen Einfluss auf die Leistung oder die Übertragung Ihrer Energie. Für die Verwendung auf City-Bikes, Mountainbikes oder Reisefahrrädern sind Schuhe mit Schnürsenkeln (B) bestens geeignet.

Für Rennrad- oder Mountainbike-Schuhe werden auch Klettverschlüsse (C) verwendet. Sie geben dem Fuß guten Halt und können auch unter der Fahrt gelockert oder festgezogen werden.

Für technikaffine Radler sind seit einigen Jahren Drehverschlusssysteme wie z.B. Boa® (D) oder mikrometrische Schnallen auf dem Markt. Sie lassen sich mit einer Hand öffnen und schließen.

Schuhe reparieren

Früher war die Lebenszeit eines Schuhs mit einer zerbrochenen Schnalle beendet, gegenwärtig bemühen sich die Hersteller sehr darum, ihre Produkte reparabel zu machen. Heute können Sie bei manchen Herstellern die Boa-Schnalle, die mikrometrische Schnalle, Schnürsenkel sowieso, Schuhplatten und manchmal sogar bestimmte Teile der Sohle austauschen.

Brillen

Sie schützen nicht nur vor Sonne, sondern auch auf einer schönen Fahrt bergab mit dem Rennrad – vor allem vor Wind und Insekten oder z. B. vor Ästen, wenn Sie auf dem Mountainbike unterwegs sind.

Wie wählt man die richtige Brille aus?

Wenn Sie **Rennrad** fahren, brauchen Sie eher eine Brille, die nur im oberen Bereich gefasst ist Ⓐ: sie ist leichter und bietet ein besseres Sichtfeld.

Wenn Sie **Mountainbike** fahren, brauchen Sie wahrscheinlich eine stabilere Fassung Ⓑ, die auch mögliche Kollisionen mit Ästen und Brombeersträuchern verträgt.

Für die Fahrt auf dem **City-Bike** sind heute viele Helme wie Motorradhelme mit einem integrierten Visier Ⓒ ausgestattet. Äußerst praktisch, wenn Sie Ihre Brille vergessen haben!

Welche Brillengläser sollten Sie wählen?

Die Brillenglaskategorien geben den Blendschutzfaktor an. Sie gehen von 0 (transparent) bis 4 (dunkelste Gläser, die bis zu 97 % des natürlichen Lichts filtern). Kategorie 3 ist die am häufigsten verwendete. Sie blockiert 100 % der UV-Strahlen und schützt vor Licht an sonnigen Tagen. Beachten Sie auch, dass Gläser der Kategorie 4 nicht für das Führen von Kraftfahrzeugen zugelassen sind und eher beim Bergsteigen im Hochgebirge verwendet werden.

Wenn Sie bei jedem Wetter fahren, können Sie eine Brille mit austauschbaren Gläsern kaufen: Sie wählen dann die Kategorie, die jeweils für das Wetter geeignet ist. Die andere Option sind photochrome oder selbsttönende Gläser, deren Schutz und Tönung sich an die Lichtverhältnisse anpassen.

Die kleinen Extras

Einige Gläser werden mit einer speziellen Beschichtung versehen, um den Sehkomfort zu erhöhen: die Anti-Beschlag-Beschichtung, die das Beschlagen von Gläsern verhindert und für klare Sicht sorgt; die wasserabweisende Beschichtung, die besonders nützlich ist, um Regentropfen abzuleiten, und die fettabweisende Beschichtung, die dafür sorgt, dass das Glas glatt bleibt und verhindert, dass Schmutz sich darauf festsetzt.

Einige Hersteller wie Oakley achten besonders auf das Glas und insbesondere seine Bruch- und Stoßfestigkeit sowie die Optimierung von Kontrasten, usw.

Viele dieser Tipps gelten auch für Brillen mit Sehstärke.

Tipp

Führen Sie die Bügel der Brille immer über die Haltebänder des Helms, damit sie im Falle eines Sturzes nicht ins Gesicht gedrückt werden.

Taschen und Satteltaschen

In der Stadt, beim Wandern oder auf Reisen müssen Sie möglicherweise eine mehr oder weniger große Menge an Sachen mitnehmen. Rucksack, Kuriertaschen, Gürteltaschen oder Satteltaschen – es gibt viele verschiedene Lösungen, von der einfachsten bis zur ausgefeiltesten.

Rucksack

Die praktischste Lösung für Fahrten in der Stadt. Sie können Ihren normalen Rucksack nehmen oder sich für einen entscheiden, der für das Pendeln zwischen zuhause und der Arbeit konzipiert ist. Manche Hersteller wie Vaude bieten wasserdichte und clever unterteilte Taschen für die Stadt: Ihr Laptop ist in einem speziell gepolsterten Abteil geschützt, ein seitlicher Reißverschluss ermöglicht den einfachen Zugriff auf Ihr Handy und reflektierende Markierungen verbessern Ihre Sichtbarkeit.

Auf längeren oder sogar mehrtägigen Touren ist ein Rucksack nicht die beste Wahl: das Gewicht auf Ihrem Rücken und Ihrer Wirbelsäule kann Schmerzen verursachen.

Kuriertaschen oder Messenger Bags

Diese Taschen Ⓐ werden mit einem Schultergurt getragen. Sie können sie einfach vom Rücken nach vorne ziehen und haben so Zugriff auf all Ihre Sachen, ohne sie abnehmen zu müssen.

Das ist praktisch, vor allem wenn Sie Kurier sind! Allerdings rutschen sie während der Fahrt gern nach vorn und stören dort.

Die Gürteltasche ist zurück

Seit einiger Zeit ist die Gürtel- bzw. Bauchtasche Ⓑ wieder in Mode, vor allem bei Gravel- und Bikepacking-Fahrern. Der Vorteil: Wenn Sie fahren, haben Sie die kleine Tasche auf dem Rücken (sie ist so leicht, dass Sie sie nicht spüren), und wenn Sie anhalten, können Sie sie leicht nach vorne schieben, um an Ihr Kleingeld oder an Ihre Papiere zu kommen.

Einige Hersteller integrieren in die Gürteltaschen eine Trinkbeutelhalterung oder einen Wasserbeutel, was z.B. auf dem Mountainbike sehr praktisch sein kann. Man wird immer geschickter darin, dieses Accessoire aus den 90er-Jahren für Ihre Ausflüge zu perfektionieren: reflektierende Streifen oder Befestigungen für Ihre Lichter erhöhen Ihre Sichtbarkeit, eine Innentasche mit Reißverschluss sichert Ihre Schlüssel oder Ihr Smartphone.

Bikepacking-Taschen

Für diejenigen, die kürzer oder leichter reisen möchten, gibt es »Bikepacking«-Taschen Ⓒ. Analog zum Backpacking sind sie das, was der Rucksack für den Wanderer ist, d.h. eine einfache, leichte und bequeme Lösung, um seine Sachen zu transportieren. Bikepacking-Taschen werden mit weichen Gurten oder Klettverschluss am Rahmen, am Sattel oder an der Lenkstange befestigt. Der Vorteil dieser Art von Ausrüstung ist, dass sie auf jedem Fahrradmodell angebracht werden kann.

Gepäcktaschen für Tourenfahrer

Auch wenn man sie vor allem als Reisetaschen für herkömmliche Radfahrten kennt, eignen sich die Fahrradtaschen, die am Gepäckträger befestigt werden Ⓓ, auch für den Stadtverkehr: Sie bringen darin Laptop, Einkäufe, Kleider zum Wechseln unter, und im Büro oder zuhause angekommen, nehmen Sie die Tasche einfach mit. Diese Gepäcktaschen haben ein großes Fassungsvermögen und daher natürlich auch ein entsprechendes Gewicht.

Welche Tasche ist die richtige?

Bei der Wahl der Fahrradtasche, die Ihren Bedürfnissen entspricht, sollten Sie mehrere Kriterien prüfen:

den **Inhalt,** der in Litern gemessen wird und von Ihren Bedürfnissen abhängig ist (längere Reise oder tägliche Transporte?), das maximale Höchstgewicht (vergleichen Sie das empfohlene Höchstgewicht für Ihren Gepäckträger) und das Befestigungssystem, mit dem man die Tasche leicht anbringen und abnehmen kann und das sie gut festhält, wenn Sie auf holprigen Straßen unterwegs sind;

die **Wasserbeständigkeit** der Tasche. Unserer Meinung nach reicht eine wasserfeste Tasche nicht aus, sondern Sie sollten eine wasserdichte Tasche wählen, die auch mal strömendem Regen standhält.

Grünes Zubehör

Wenn Sie, wie wir, kein Fan von übermäßigem Konsum sind, sollten Sie Ihren Kauf nach Ihren verschiedenen Verwendungszwecken ausrichten und die Tasche wählen, die mehrere davon erfüllt. Werfen Sie auch einen Blick auf das Material und die Herstellungsverfahren der Taschen: einige sind umweltfreundlicher und haltbarer als andere.

Gepäckträger und Fahrradanhänger

Wenn Sie gewöhnlich schwere Lasten – oder ein Kind! – transportieren, bieten sich Ihnen mehrere Möglichkeiten, Ihr Fahrrad anzupassen und den Rücken nicht zu belasten. Und wenn diese nicht genügen, können Sie immer noch in ein Lastenrad investieren!

A

Gepäckträger

Es gibt im Wesentlichen zwei Arten von Gepäckträgern:

Front-Gepäckträger: kleine Träger, die vorne unter dem Lenker befestigt und auch »Pizza Racks« (A) genannt werden, weil Fahrradkuriere damit leicht die großen Kartons Ihrer italienischen Lieblingsrestaurants transportieren können. Sie sind weniger belastbar als die hinteren Gepäckträger (in der Regel 10 kg), haben jedoch Stil, und Sie haben damit all Ihre Sachen in Reichweite (und im Blick). Ein Front-Gepäckträger ist nichts anderes ein stylischer und manchmal geräumigerer Fahrradkorb.

Heck-Gepäckträger: das ist die häufigste Form. Sie werden vor allem für City Bikes, Wander- und Reisefahrrädern verwendet und oberhalb des Hinterrades befestigt. Sie bieten problemlos Platz für die sogenannten »Tourenradtaschen«, aber auch für Fahrradkindersitze, für Zelte und Kram auf einer Spannvorrichtung. Je nach Modell können Sie bis zu etwa 30 kg tragen.

Welcher Gepäckträger ist der richtige?

Sobald Sie entschieden haben, welche Art von Gepäckträger Sie haben wollen, sollten Sie Ihr Augenmerk auf das Befestigungssystem richten, mit dem der Gepäckträger an Ihrem Rad montiert wird. Normalerweise geschieht dies mit Hilfe von Ösen am Rahmen und an der Gabel. Einige Fahrräder haben jedoch keine Ösen, und Sie müssten dann einen Gepäckträger wählen, der mit Schellen zu befestigen ist, oder einen, der direkt an der Sattelstütze angebracht wird (und in der Regel weniger belastbar ist).

Es gibt verschiedene Versionen von Heck-Gepäckträgern: einfache flache Träger oder eine Version mit Verstärkungsstreben an den Seiten, um Gepäcktaschen sicheren Halt zu geben und zu verhindern, dass sie den Reifen berühren. Diese Version empfiehlt sich, wenn Sie mit viel Gepäck unterwegs sind. Ein letztes zu beachtendes Kriterium ist das maximale Gewicht, das der Gepäckträger tragen kann. Wählen Sie das größte Gewicht aus, damit Sie Ihren Gepäckträger in verschiedenen, d. h. auch in schwierigsten Situationen nutzen können.

Kindersitze

Ja, man kann mit einem Kind oder einem Baby Rad fahren! Sobald das Kind den Kopf selber halten kann (mit etwa 9 bis 10 Monaten) und bis zu einem Gewicht von ca. zwanzig Kilo, kann es Sie dank der Kindersitze überallhin begleiten. Es gibt drei Haupttypen:

Frontkindersitze: Sie haben meistens ein geringeres erlaubtes Gewicht als die beiden anderen Typen, aber Sie können Ihr Kind im Auge behalten, was sehr beruhigend ist.

Kindersitze, die am Rahmen befestigt werden: Diese Sitze sind leicht abnehmbar, und auch hier haben Sie Ihr Kind vor sich.

Heckkindersitze: Das ist die häufigste Version mit der größten Auswahl an Kindersitzen.

Wie bei allen anderen Teilen, die am Fahrrad montiert werden, müssen Sie auch hier überprüfen, ob das Befestigungssystem mit Ihrem Rad kompatibel ist.

Fahrradanhänger

Für Kinder: Fahrradanhänger für Kinder sind insofern interessant, als sie Platz für bis zu zwei Kindern bieten. Außerdem lassen sie sich leicht an- und aushängen: Sie können Sie an dem Ort, an dem Sie Ihr Kind absetzen (Krippe, Schule, Kindergarten), abstellen, direkt mit Ihrem Fahrrad weiterfahren und dann Anhänger samt Kind(ern) gleichzeitig wieder abholen. Auf längeren Strecken, Reisen oder Wanderungen sind Fahrradanhänger auch viel bequemer für die Kinder als Kindersitze. Es gibt Eltern, die dank dieser Anhänger mehrere Wochen mit ihren Kindern auf Fahrradreise gehen.

Für schwere Lasten: Es gibt zwei Anhängertypen, um mehr zu transportieren, als auf einem einfachen Fahrrad möglich ist:

- Anhänger mit einer flachen Auflage: sie ermöglichen den Transport von großen Gegenständen (Surfbrett, Regal ...). Es ist verblüffend, was alles möglich ist.

- Anhänger mit einer Kiste: sie schützen Ihre Sachen und halten sie zusammen. Überprüfen Sie vor dem Kauf das Befestigungssystem und das Maximalgewicht: einige Anhänger können bis zu 100 kg tragen.

Diebstahlsicherung

Täglich werden in Deutschland mehr als 600 Fahrräder gestohlen. Und vor 2021 waren es noch deutlich mehr. Doch auf einen weiteren Rückgang der Zahlen sollten Sie nicht spekulieren: Die beste Diebstahlsicherung ist es, sein Fahrrad nicht zu lange unbewacht auf der Straße stehen zu lassen, besonders nachts. Wenn Sie das aber müssen, gibt es entsprechende Ausrüstung.

Für jedes Schloss gilt: je schwerer, desto mehr Zeit braucht der Dieb, um es zu knacken. Und Zeit hat er nicht. Setzen Sie also auf Gewicht – auch wenn Sie beim Fahrrad selbst auf Leichtbau setzen!

Schlösser

In den Niederlanden sagt man, dass eine gute Diebstahlsicherung so viel kostet, wie das Fahrrad, das sie schützen soll. Das ist natürlich übertrieben, aber Sie sollten sich diese Botschaft merken: Je mehr Sie an Ihrem Fahrrad hängen, desto mehr sollten Sie in eine gute Diebstahlsicherung investieren. Es wird nie eine Fehlinvestition sein.

Die verschiedenen Typen

Die widerstandsfähigste und zuverlässigste Diebstahlsicherung ist ohne jeden Zweifel das U-förmige Bügelschloss Ⓐ. Bügelschlösser gibt es in verschiedenen Größen und aus mehr oder weniger starkem Stahl, und sie sind je nachdem mehr oder weniger effektiv. Wir glauben, dass Kryptonite® eine sehr empfehlenswerte Marke ist: auf ihrer Website wird das Schutzniveau des Schlosses (von 1 bis 10) und der Wert des Fahrrads, das es schützen kann, angegeben. Auch Abus hat eine solche Klassifikation; allerdings sind die Bewertungskriterien von Hersteller zu Hersteller verschieden.

Es gibt auch andere, teils weniger praktische und oft weniger effektive Lösungen: Kettenschlösser Ⓑ haben zumindest den Vorteil, dass man damit mehrere Fahrräder gleichzeitig sichern kann. Faltschlösser Ⓒ sind praktisch, weil sie nicht viel Platz wegnehmen, sind aber nur für sehr kurze Stopps zu empfehlen. Kabelschlösser Ⓓ schützen in Wirklichkeit nur Ihr Zubehör, oder können zusammen mit einem Bügelschloss verwendet werden, um z. B. das Laufrad zu befestigen.

Noch ein paar Ratschläge

Wenn Sie an Ihrem Fahrrad hängen, sollten Sie es immer sichern. Sogar für 3 Minuten vor der Bäckerei oder in der S-Bahn. Überprüfen Sie die Befestigungsstelle: Sie darf nicht leicht zu knacken oder anzuheben sein, wodurch das Fahrradschloss seine Funktion verliert. Wählen Sie einen stabile Befestigungsmöglichkeit wie zum Beispiel einen Laternenpfahl.

Gehen Sie davon aus, dass alles, was sich an Ihrem Fahrrad befindet, gestohlen werden kann: Nehmen Sie Ihre Lampen, Trinkflaschen und alles, was man leicht abnehmen kann, mit, wenn Sie sich entfernen.

Markierung durch Rahmennummern

Jedes Fahrrad hat eine Rahmennummer: eine individuelle Kennzeichnung eines jeden Fahrrades, welches ein Hersteller produziert. Die Rahmennummern bestehen aus einer Kombination von Buchstaben und Zahlen und lassen sich anhand eines bestimmten Musters zusammensetzen. Die Nummer ist gemäß Norm dauerhaft sichtbar, nicht veränderbar, fortlaufend und individuell vergeben. Meist ist sie in das Tretlagergehäuse eingestanzt; Karbonräder haben stattdessen oft einen QR-Code.

Eine Rahmennummer schützt zwar nicht vor dem Fahrraddiebstahl, jedoch wird sie wichtig, wenn das Fahrrad gestohlen wurde bzw. dann, wenn es irgendwo wieder auftaucht. Schon beim Kauf eines neuen Rades sollten Sie daher auf einen Fahrradpass bestehen, in dem die Rahmennummer und die genaue Modellbezeichnung des Fahrrads oder E-Bikes vermerkt ist.

Versicherungen

Wenn Sie in ein gutes Fahrrad investiert haben und es manchmal im Freien oder in gemeinschaftlich genutzten Räumen abstellen, kann eine Versicherung sinnvoll sein. Es gibt sehr viele, mehr oder weniger teure und mehr oder weniger effektive Versicherungen.

Außer der Höhe der Prämien sollten Sie berücksichtigen, was die Versicherung abdeckt und vor allem, was sie nicht abdeckt: Ihr Fahrrad ist gegen Diebstahl auf öffentlichen Straßen versichert? Sehr gut! Achten Sie aber auf zeitliche Eingrenzungen des Versicherungsschutzes (manche Versicherungen decken z. B. einen Fahrraddiebstahl in der Nacht nicht ab) und Deckungsgrenzen für die Art und Weise, wie Sie Ihr Fahrrad abschließen, denn davon hängt ab, ob der Schaden übernommen wird. Nicht alle Diebstahlsicherungen werden von den Versicherungen akzeptiert, vergewissern Sie sich also vor dem Kauf, und heben Sie den Beleg auf, um zu beweisen, dass Sie Ihr Fahrrad mit einem passenden Schloss abgesperrt haben. Prüfen Sie auch, welche Art von Diebstahl von der Versicherung übernommen wird: einfacher Diebstahl? Einbruch? Überfall? Auch der von der Versicherung übernommene Höchstbetrag und die Höhe der Selbstbeteiligung spielen eine Rolle. Wenn die Selbstbeteiligung bei 500 Euro liegt und Ihr Fahrrad 600 Euro wert ist, ist das nicht die beste Option.

Einige Versicherungsgesellschaften bieten einen Schutz im Rahmen der Hausratversicherung an. Achten Sie darauf, dass das Fahrrad auch außerhalb Ihres Hauses versichert ist.

Notfall-Reparaturen

Sei es auf einer Fahrt in der Stadt oder bei einem ein- oder mehrtägigen Ausflug: Sie sind nicht vor kleinen mechanischen Unwägbarkeiten geschützt. Aber keine Panik! Meistens bleibt es bei einer Reifenpanne – und die kann mit der richtigen Ausrüstung schnell behoben werden.

Handpumpen und CO2-Kartuschen

Sie sind mit Sicherheit das wichtigste Werkzeug, das Sie immer dabeihaben sollten, sei es, um den Reifendruck vor der Fahrt einzustellen oder eine Reifenpanne zu beheben. Schlauch und Reifen sind nie ganz dicht, sondern porös. Deshalb müssen Sie Ihre Reifen regelmäßig aufpumpen.

Die Handpumpe Ⓐ: Ihr Vorteil ist, dass man sie unbegrenzt oft verwenden kann. Sie nimmt in der Regel kaum Platz ein und lässt sich leicht in einer Tasche, einem Rucksack oder am Rahmen transportieren. Der Nachteil für Ungeduldige ist, dass das Aufpumpen länger dauert als mit einer CO2 -Kartusche.

Die CO2-Kartusche Ⓑ: Sie wird auf ein Ansatzstück gesteckt. Nach dem Aufsetzen wird der Reifen sofort aufgepumpt. Sie ist leicht und kompakt und passt in jede kleine Tasche. Der große Nachteil ist, dass sie für den einmaligen Gebrauch bestimmt ist – umweltfreundlich oder wirtschaftlich ist das nicht.

Schläuche und Flicken

Die Reifenpanne ist ein ziemlich häufiges Problem. Um sie schnell beheben zu können, nehmen Sie am besten einen mit Ihrem Reifen und Ihrer Felge kompatiblen **Ersatzschlauch** Ⓒ mit. Sie müssen dafür den Durchmesser und die Breite Ihrer Reifen kennen (siehe S. 29).

Auch ein **Reparaturset** Ⓓ mit Flicken gehört ins Notfallgepäck, auch wenn deren Handhabung etwas mehr Zeit erfordert. Es gibt selbstklebende Flicken (praktisch, aber nicht immer wirksam) und herkömmliche Flicken, die in der Regel zusammen mit Kleber und Sandpapier geliefert werden (siehe S. 134).

Ein Paar Reifenheber

Zur Demontage und Montage des Fahrradreifens brauchen Sie im Pannenfall mindestens zwei, besser drei Reifenheber Ⓔ. Sie helfen dabei, den Reifen von der Felge ab- und wieder aufzuziehen. (siehe S. 128).

Tubeless-Dochte

Ein Tubeless Reifen repariert sich dank der Dichtmilch zur Vorbeugung in der Regel selbst, manchmal sind die Löcher jedoch zu groß. Für diesen Fall sollten Sie immer einige Dochte Ⓕ mitführen (siehe S. 136).

Multifunktionswerkzeug (Multitool)

Sattelhöhe verstellen? Den Vorbau nachziehen? Die Schaltung einstellen? Für die meisten kleinen Reparaturen und Einstellungen, die Ihnen (außer einer Reifenpanne) auf Ihren täglichen Fahrten begegnen, genügt das Multifunktionswerkzeug Ⓖ.

Es enthält die gängigsten Inbus- und Torxschlüssel, ein oder zwei Schraubenzieher, manchmal einen Fahrradkettennieter und einen Speichenschlüssel. Es ist ein kleines, kompaktes, leichtes und unverzichtbares Werkzeug! Zögern Sie nicht, ein wenig Geld zu investieren: Die billigsten Multitools taugen oft nichts.

Welche Luftpumpe oder Kartusche?

Presta- oder Sclaverand-Ventil

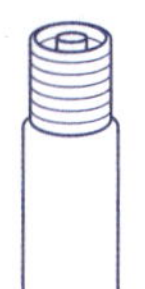

Schrader-Ventil

Worauf Sie vor allem achten müssen, ist das Ansatzstück auf der Pumpe: es gibt Rennrad-Ansatzstücke für Presta-Ventile oder MTB-Ansatzstücke für Schrader-Ventile. Manche Pumpen passen für beide, was nützlich sein kann. Es gibt auch Adapter, sie sind praktisch, wenn Sie an einer Tankstelle Luft auffüllen wollen und Presta-Ventile haben! Wenn Sie recht genau aufpumpen möchten, sollten Sie eine Luftpumpe mit einem Manometer Ⓗ wählen.

Tipp

Auf längeren Reisen oder Bikepacking-Testfahrten können Ihnen Nadel und Faden nützlich sein: damit können Sie einen geplatzten Reifen notdürftig reparieren.

Elektronik

Ob Sie nun mehr über die Wegstrecke oder die Entfernung, die Sie zurückgelegt haben, Ihr Tempo oder Ihre Leistung erfahren möchten oder ob Sie von Ihrer täglichen Routine bei der Erkundung Ihrer Umgebung abweichen wollen und Ihre Ausflüge mit Ihren Freunden teilen möchten: oft können Ihnen elektronische Hilfsmittel das Leben erleichtern.

GPS-Fahrradcomputer

Wenn Sie Ihre Komfortzone verlassen und die weitere Umgebung erkunden oder reisen wollen, kann der GPS-Fahrradcomputer (A) sehr nützlich sein. Auch wenn Sie ein Fan schöner Straßenkarten aus Papier sind, kann Ihnen ein GPS-Computer dennoch das Leben erleichtern! Es gibt zwei Typen:

GPS-Fahrradcomputer **mit Kartenmaterial:** damit kann man Routen planen und hat ein Navi an Bord.

GPS-Fahrradcomputer **ohne Karten** zeigen Fahrtdaten an und zeichnen sie auf.

Wie für alle anderen Computer gibt es viele Funktionen, die mit jeweils höherem Preis hinzukommen: Höhenangaben, Navigation, Routenführung, Track-Aufzeichnung, E-Mail- oder SMS-Warnungen ... Sie müssen entscheiden, welche Informationen Sie haben möchten und ob dies Ihrem Budget entspricht.

Fahrradcomputer

Sie erinnern sich vielleicht noch an die Kilometerzähler auf den alten Familienrädern, die man ständig laufen ließ, um die Anzahl der jährlich zurückgelegten Kilometer zu berechnen? Die Technologie dieser Geräte hat sich seither nicht sehr weiterentwickelt, aber sie sind dennoch nützlich und robust, haben eine lange Betriebsdauer und sind vor allem viel günstiger als die GPS-Geräte! Nicht mit Satellitenempfang, aber mit einem auf der Gabel befestigten Sensor, der Ihre Geschwindigkeit dank eines Magneten misst, der wiederum am Laufrad angebracht ist. Das Display (B) gibt Ihnen grundlegende Informationen wie z.B. Ihre momentane und durchschnittliche Geschwindigkeit, die auf dem Ausflug oder seit der Installation zurückgelegte Entfernung sowie die Zeit und manchmal, bei den leistungsstärkeren Geräten, auch die Höhe, die Trittfrequenz, die Temperatur, den Höhenunterschied und den Prozentsatz der Steigung ...

Welcher GPS- Fahrradcomputer darf's sein?

Außer dem Funktionsumfang und Ihrem Budget sind diese Kriterien zu beachten:

Kompatibilität mit Ihren anderen Geräten: ist der Fahrradcomputer mit Ihren bevorzugten Navigations-Apps kompatibel? Mit Ihren Sensoren? Achten Sie auch darauf, wie Sie das Gerät mit Ihrem Computer oder Telefon verbinden können (USB, Wifi oder Bluetooth?).

Betriebsdauer und Wasserfestigkeit: Für längere Ausflüge oder Reisen ist die Durchhaltefähigkeit des Akkus wichtig. Was die Wetterfestigkeit angeht, gibt es IPX-Schutzklassen. Am besten wählen Sie IPX7: das bedeutet, dass das Gerät gegen Staub geschützt und 30 Minuten lang in einer Wassertiefe von maximal einem Meter wasserdicht ist.

Sensoren

Wenn Sie ein Trainingsprogramm erstellen möchten, um Ihre Leistung zu steigern, brauchen Sie eine gewisse Anzahl von Sensoren. Leistungsmesser, Trittsensoren (C) oder Geschwindigkeitsmesser (D) werden am Fahrrad angebracht (an den Tretkurbeln, den Pedalen, der Radnabe oder dem Tretlager) und ermöglichen Ihnen, auf Ihrem Fahrradcomputer oder GPS-Gerät Daten zu empfangen und spezielle Trainingseinheiten einzurichten. Bei der Auswahl des Sensors müssen Sie die Konnektivität (Bluetooth oder ANT+) beachten und bedenken, wie oft Sie ihn brauchen werden und wie leicht er ein- oder ausgebaut werden kann, wenn Sie mehrere Fahrräder haben.

Die Herzfrequenz ist eines der ersten Dinge, auf die man beim Radfahren oder Laufen achtet. Je nach Ihrem Budget und der Genauigkeit der Informationen, die Sie erwarten, können Sie sich für eine Pulsuhr oder einen Pulsgurt (E) entscheiden (Pulsuhren sind in der Regel weniger genau). So können Sie Split-Sessions mit unterschiedlichen Intensitätsgraden trainieren, oder einfach darauf achten, im aeroben Bereich zu bleiben.

Smartphone-Apps

Da Sie wahrscheinlich schon ein Smartphone besitzen und es sicher immer dabeihaben, können Sie mit den Apps die Funktionen eines Fahrradcomputers oder eines GPS-Geräts testen, bevor Sie in ein spezielles Gerät investieren. Sie sind meist sehr einfach in der Anwendung und bieten viele Möglichkeiten, wie z. B. die Aufzeichnung von Ausflügen, die Berechnung von Wegstrecken und Routenführung. Außerdem liefern sie Informationen zu Leistung und Sicherheit. Hier ist ein kurzer Überblick über unsere Favoriten:

A

Geovelo und Google Maps: in der Stadt

Wenn Sie in der Stadt unterwegs sind, berechnet Geovelo Ihre Route so, dass Sie die sichersten Wege nehmen, also sich meist auf Fahrradwegen bewegen. Wenn die App die Route anzeigt, gibt sie Ihnen auch eine Einschätzung der Fahrtzeit an. Darüber hinaus zeigt sie Bike-Sharing-Stationen und Fahrradparkplätze an. Beachten Sie: die sichersten Strecken sind nicht immer die kürzesten ...

Google Maps ist allgemein bekannt und funktioniert in der Stadt sehr gut, wenn man die Funktion »Radfahren« verwendet. Die App ist praktisch, schnell und intuitiv, und auf dem Handy oft standardmäßig vorinstalliert. Auf Reisen mussten wir unser Fahrrad jedoch schon über Treppen tragen und landeten einmal in Ungarn sogar auf einer Autobahn. Wir empfehlen Google Maps nur für die Verwendung in der Stadt.

Alternative: Bikemap

B

Strava: für Fortschritt und Leistung

Eine der bekanntesten Apps in der Welt des Radsports (und des Laufsports und Triathlons) ist Strava. Mit dieser App können Sie Ihre Fahrten aufzeichnen und eine Reihe von statistischen Werten sammeln: Ihre Kilometerzahl pro Fahrt, Jahr oder Fahrrad, Ihre Höchst- und Durchschnittsgeschwindigkeit und Ihre Platzierung in virtuellen Rennen. Eine interessante Anwendung, um Ihre Fortschritte zu messen und Ihre Grenzen auszuloten. Die soziale Komponente ermöglicht es Ihnen außerdem, Ihre Ausflüge mit Ihren Freunden zu teilen, sich für Challenges anzumelden und Ihre Leistungen mit der Community zu vergleichen.

Alternative: Relive

C

Komoot: detailverliebtes Navi

Unser Favorit ist Komoot: eine App, mit der Sie ganz einfach Ihre Rennrad-, Gravel-, Trekking- oder Mountainbike-Strecken planen und diese direkt von Ihrem Handy aus verfolgen können. Die Route wird an Ihre Fahrweise angepasst, und Sie bekommen auch Strecken und Sehenswürdigkeiten angezeigt, die von anderen ins Netz gestellt wurden. Davon lebt die App: Die Nutzer teilen ihre Touren, was sehr anregend sein kann. Der Schwerpunkt der App liegt eher auf dem Bereich der sozialen Netzwerke als auf Wettkämpfen.

Alternativen: OpenRunner, Ride with GPS

C
A
B
Trouvez le Tour idéal
Laissez-vous inspirer
Wish One et Antoine ont fait du gravel.
2 jours environ
WishOne bikepacking day 1
4 h 50
87,4 km
18,1 km/h
1000 m
Découvrir
Planifier
Enregistrer
Profil
Premium
geovelo
Carte
Accueil
Jeanne Lepoix
J23 - Suhescun > Larrau
Distance
52,03 km
Dénivelé
1 623 m
Temps
4h 48min
2 commentaires
Joachim K
Accueil
Cartes
Enregistrer
Groupes
Vous
STRA

Aufbewahrung

Manchmal – selten – sitzen wir nicht auf unserem Fahrrad. Und manchmal haben wir keine sichere und ausreichend große Garage, um das Fahrrad darin unterzustellen. Wie kann man sein Fahrrad in beengten Verhältnissen unterbringen?

Uns gefällt die Idee, das Fahrrad zu Dekorationszwecken zu nützen.

Wandhalterungen

Eine Möglichkeit, sein Fahrrad leicht zu verstauen, ist die Wandhalterung. Es gibt viele davon, vom einfachen Wandhaken zu 10 Euro bis zum teureren Designerstück. Der Vorteil dieser Halterungen ist, dass Sie das Fahrrad in der Höhe befestigen können und es damit weniger Platz in Ihrer Wohnung wegnimmt. Uns gefällt die Idee, das Fahrrad zu Dekorationszwecken zu nützen. Auf Internetseiten finden Sie Wandhalterungen aus Holz mit integrierten Ablageborden und Bücherregalen, die das Nützliche mit dem Angenehmen verbinden.

Aber Vorsicht, wenn Sie ein Mountainbike oder Gravel-Bike auf schlammigem Gelände fahren, sollten Sie ausreichend Zeit in die Reinigung investieren, sonst bleiben Ihre Wände nicht lange weiß.

Schutzhüllen

Wenn Sie Platz haben und Ihr Fahrrad auf dem Dachboden oder im Keller lagern wollen, können Sie es mit einer Schutzhülle vor Staub und Stößen schützen. Diese Hüllen sind wirklich nicht teuer und können für auch den Transport Ihres Fahrrads im Zug genutzt werden. (siehe S. 59).

Vorsicht: Verwenden Sie keine luftdichten Abdeckplanen oder Hüllen, wenn Sie Ihr Fahrrad auf einer Terrasse oder einem Balkon aufbewahren. Sie schließen Feuchtigkeit ein und Ihr Fahrrad würde schnell rosten. Es gibt spezielle Planen mit Belüftungslöchern, die Ihr Fahrrad »atmen« lassen.

Falträder Ⓐ

Wenn Sie nicht viel Platz haben, ist ein Faltrad die ideale Alternative. Es lässt sich mit einem Handgriff zusammen- und auseinanderfalten und in einem Schrank oder einer Ecke der Wohnung verstauen. Eine praktische Lösung, kompakt und ideal für Zugfahrten.

Das Fahrrad transportieren

Ein Fahrrad auf Reisen mitzunehmen kann ein echtes Problem sein (Am besten ist, gleich mit dem Fahrrad zu reisen, das ist viel einfacher!). Je nachdem, für welches Verkehrsmittel Sie sich entscheiden, wird Ihr Fahrrad entweder als Ganzes mitgenommen oder Sie müssen es demontieren und speziell verpacken.

Montieren Sie die Räder ab und packen Sie alles in die Tasche.

Mit dem Fahrrad in der Bahn

Die Mitnahme von Fahrrädern ist in vielen Zügen erlaubt, aber immer kostet sie etwas. Dazu kommt, dass das Platzangebot oft beschränkt ist. Ist das Fahrrad zerlegt und verpackt (siehe unten), hat man das Problem nicht – allenfalls muss man zusehen, wie man den sperrigen Koffer im Zug rangiert bekommt.

Welche Ausrüstung für den Transport?

Sie haben im Wesentlichen zwei Möglichkeiten:

Eine **Fahrradtransporthülle** ist die einfachste Lösung. Sie montieren Räder und Pedale ab, drehen ggf. den Lenker ein und packen alles in die Tasche. Sie können sie dann in den Gepäckfächern oder der dafür vorgesehenen Gepäckaufbewahrung verstauen, achten Sie aber darauf, dass andere Reisende sie nicht unter ihren Koffern zerquetschen. Es gibt verschiedene Fahrradhüllen, zu jedem Preis und in allen Größen. Ihr Vorteil ist, dass sie kompakt sind und bei Ankunft am Ziel in den Satteltaschen Platz finden.

Die andere Möglichkeit ist ein **Fahrradkoffer.** Er ist zwar sperriger, schützt Ihr Fahrrad aber viel besser, besonders die gefährdeten Stellen wie das Schaltwerk.

Bleiben Sie wachsam!

Schützen Sie das Schaltwerk gut mit Luftpolsterfolie oder Zeitungspapier. Wenn Sie Scheibenbremsen haben, können Sie zwischen den Bremsbelägen ein kleines Stück Pappe oder Plastik einklemmen, um zu verhindern, dass sie zusammengedrückt werden. Die Beläge dann wieder auseinanderzuziehen ist mitunter nicht ganz einfach. Haben Sie an den verschiedenen Haltestellen ein Auge auf Ihr Fahrrad, in Zügen werden regelmäßig Fahrräder gestohlen.

Mit dem Fahrrad im Flugzeug

Wenn Sie eine Radtour am anderen Ende der Welt machen, müssen Sie das Risiko eingehen, das Fahrrad im Frachtraum eines Flugzeugs zu transportieren (es sei denn, Sie mieten eines vor Ort). Wir selbst nehmen unsere Fahrräder nicht gern im Flugzeug mit. Wenn Sie es aber tun und Ihr Rad gut schützen möchten, so ist ein halbwegs stabiler Koffer die einzige Option. Wenn Sie mit dem Fahrrad irgendwohin fahren und mit dem Flugzeug zurückkommen, können Sie bei einem Fahrradhändler einen Karton holen und das Rad gut mit Luftpolsterfolie verschnürt darin einpacken. Achten Sie darauf, die Pedale abzunehmen und immer die Luft aus den Reifen zu lassen.

Die Ausrüstung optimieren

Sie haben vielleicht manchmal nicht das Budget für das Fahrrad, das zu 100 % Ihren Wünschen entspricht – oder Sie haben so viele Wünsche, dass Sie vier oder fünf Fahrräder bräuchten, um Ihre Bedürfnisse zu befriedigen. Aber Sie haben viele Möglichkeiten, Ihr Fahrrad an Ihre Fahrweise anpassen, es aufzurüsten und seinen Gebrauchswert zu steigern.

Erst testen, dann investieren!

Es gibt kleine, einfache Einstellungen, die Sie selbst zuhause vornehmen können, um Ihr Fahrrad an Ihre Fahrweise anzupassen: z. B. Ihre Sitzposition ändern oder bequemer machen, indem Sie den Sattel austauschen oder den Vorbau kürzen, um eine aufrechtere Sitzposition zu erreichen. Diese kleinen Veränderungen ermöglichen es Ihnen, mit neuen Konfigurationen zu spielen oder neue Praktiken auszuprobieren, bevor Sie in ein Fahrrad investieren, das Ihren Wünschen vielleicht besser entspricht.

Sie können eine Reihe von Komponenten austauschen, um das Rad leichter zu machen und die Leistung zu steigern.

Das Fahrrad vielseitiger machen

Eines der einfachsten Dinge, die Sie auf Ihrem Fahrrad austauschen können, sind die Reifen. Ein Reifenwechsel kann Ihr Fahrrad vielseitiger auf Schotterwegen und Trails und effizienter auf der Straße machen. Sie müssen lediglich die Kompatibilität mit Ihren Laufrädern und dem Rahmen prüfen. Das kann das Aussehen und das Fahrverhalten Ihres Fahrrads stark verändern. Fahrradhändler sind dazu da, Sie bei der Wahl zu beraten, und oft ist es zielführender, mit einem Fachmann zu sprechen und von ihm beraten zu lassen, als drei Klicks im Internet zu machen ...

Das Fahrrad leistungsstärker machen

Wie immer unter Berücksichtigung der Kompatibilität der Komponenten können Sie eine Reihe von Einzelteilen austauschen. So können Sie in eine Gabel aus Karbon investieren oder in eine Sattelstütze oder einen Getränkehalter aus Titan. Diese Details machen Ihr Fahrrad leichter und dynamischer.

Ein Fahrrad für ein ganzes Leben

Wenn Sie Ihr Fahrrad nach und nach verändern und aufrüsten, werden Sie stolz darauf sein, dass Sie es für lange Zeit in Gebrauch haben und nicht wegwerfen müssen. Damit reduzieren Sie Ihren ökologischen Fußabdruck. Viele haben ihr Fahrrad über die Jahre so optimiert und auf ihre Bedürfnisse zugeschnitten, dass sie es gegen kein noch so tolles neues Hightech-Gerät eintauschen würden.

Für den kleinen Geldbeutel: Denken Sie ans Recyceln!

In Werkstätten, in denen man selber reparieren kann, lernen Sie durch Zuschauen und Selbermachen und profitieren von der Hilfe anderer Nutzer oder der Betreiber. Außerdem gibt es in diesen Werkstätten oft eine Möglichkeit für Recycling, und Sie können dort gebrauchte Teile für einen eher symbolischen Preis erwerben..

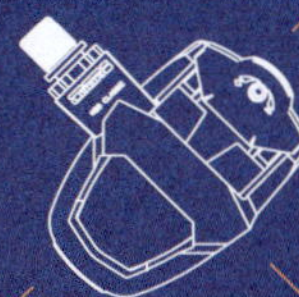
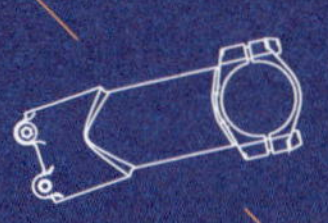

KAPITEL 2

Pflege

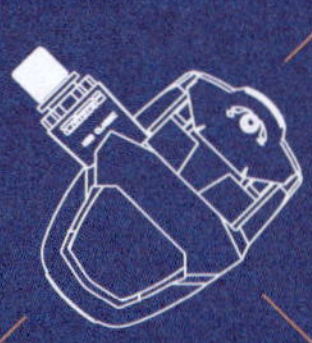
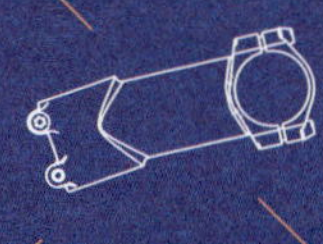

Wichtiges Werkzeug

An der Einrichtung einer kleinen Fahrradwerkstatt zuhause kommen Sie nicht herum, wenn Sie Ihr Fahrrad einigermaßen anständig pflegen wollen.

Für die Sicherheit

Dass Sie bei der Wartung Ihres Fahrrads mit scharfen Teilen oder ätzenden Stoffen in Berührung kommen, ist kaum zu vermeiden. Um kleine Verletzungen, Quetschungen und Verbrennungen vorzubeugen, sollten Sie Ihre Hände und Augen schützen:

Ⓐ Mechanikerhandschuhe
Ⓑ Schutzbrille

Unentbehrlich

Die Mechanik eines Fahrrads ist recht einfach zu verstehen. Aber ein Minimum an Werkzeugen ist nötig, wenn Sie Ihr Fahrrad nicht beschädigen wollen. Sie brauchen mindestens:

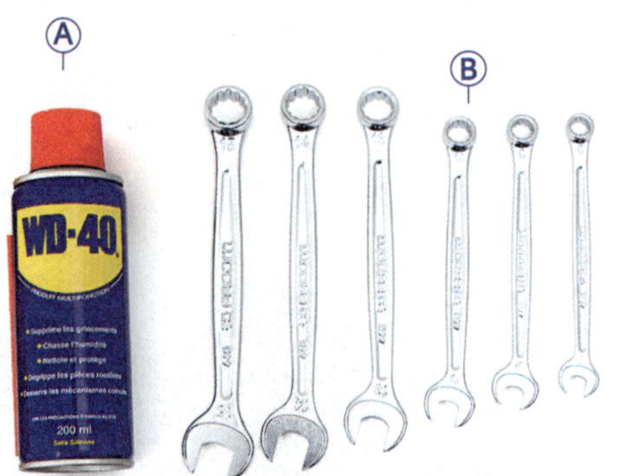

Ⓐ Multifunktions-Schmierspray (Kriechöl)
Ⓑ Gabelschlüssel 8, 9, 10, 13, 14 und 15 mm
Ⓒ kompletter Satz Inbusschlüssel
Ⓓ Schlitzschraubendreher
Ⓔ Kreuzschlitzschraubendreher Größe 2
Ⓕ Seitenschneider
Ⓖ Kombizange
Ⓗ ein Satz Reifenheber
Ⓘ Kettenschmiermittel
Ⓙ Tücher
Ⓚ Standpumpe

Zum Mitnehmen

Ⓐ Luftpumpe oder CO_2-Pumpe
Ⓑ Multitool
Ⓒ Flickzeug

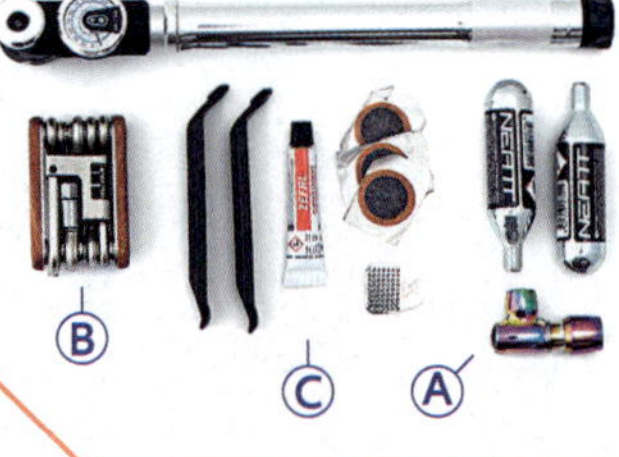

Die kleinen Extras

Sie sind für die Wartung Ihres Fahrrads weniger wichtig, machen das Leben aber leichter. Wenn es Ihnen möglich ist, empfehlen wir Ihnen zusätzlich die Anschaffung folgender Hilfsmittel:

- Ⓐ Fahrradreiniger
- Ⓑ Bremsenreiniger
- Ⓒ Satz TORX-Schlüssel
- Ⓓ Kettenschlosszange (zur Montage von Kettenschlössern)
- Ⓔ Kabelziehzange
- Ⓕ Kabelschneider
- Ⓖ Pedalschlüssel
- Ⓗ Fahrradkettenhalter
- Ⓘ Drehmomentschlüssel 5 Nm
- Ⓙ Montageständer

Spezialwerkzeuge

Wenn Sie Ihr Fahrrad auf professionellem Niveau warten wollen, brauchen Sie Werkzeug, das für ganz bestimmte Aufgaben geeignet ist. Nicht gerade häufig gebraucht, aber in manchen Situationen unentbehrlich:

- Ⓐ Abstandshalter für Bremsbacken
- Ⓑ Zahnkranzabzieher
- Ⓒ Kurbelabzieher
- Ⓓ Ritzelbürste
- Ⓔ Speichenschlüssel
- Ⓕ Entlüftungskit
- Ⓖ Kettenfettlöser
- Ⓗ Kettenreinigungsgerät
- Ⓘ Tretlagerschlüssel
- Ⓙ Bremsbelagspreizer
- Ⓚ Kettenpeitsche
- Ⓛ Kettennietendrücker
- Ⓜ Hochdruckpumpe für Stoßdämpfer/Federgabel
- Ⓝ Kettenverschleißanzeiger
- Ⓞ Satz Fahrradbürsten

Grundreinigung

Schwierigkeit: .... leicht
Zeitaufwand: .... 15 bis 30 Minuten

Die Reinigung des Fahrrads ist das A und O einer guten Pflege – und weit mehr als eine Frage der Ästhetik. Der Schmutz, der sich nach jeder Fahrt ansammelt, kann bestimmte Teile Ihres Fahrrads frühzeitig verschleißen oder beschädigen. Je nach Häufigkeit und Intensität des Einsatzes ist eine gründliche Reinigung mehr oder weniger oft unerlässlich. Ein Mountainbike sollte z. B. nach jeder Fahrt gereinigt werden.

Was brauchen Sie?

- Eimer
- Satz Bürsten
- Schwamm
- Tuch
- Fettlöser
- Reinigungsmittel
- Kettenschmiermittel

Was Sie noch brauchen könnten

- Montageständer
- Kettenhalter
- Satz spezielle Fahrradbürsten
- Kettenreiniger

Bereiten Sie Ihr Fahrrad vor. Fixieren Sie das Rad auf einem Montageständer, wenn Sie einen besitzen. Dies erleichtert Ihnen die Handhabung während des Waschens. Nehmen Sie die Laufräder ab, damit Sie an die schwerer zugänglichen Stellen des Rahmens gelangen. Legen Sie die Kette auf einen Kettenhalter. Dieser kleine Gegenstand kostet nur wenige Euro und ermöglicht es Ihnen, mit der Kette zu hantieren, ohne den Fahrradrahmen zu verschmutzen oder zu beschädigen.

☺ Wenn Sie keinen Montageständer haben, könnten Sie versucht sein, Ihr Fahrrad auf den Kopf (d. h. auf den Sattel) zu stellen. Keine gute Idee, da dadurch Kettenfett auf die oberen Teile des Fahrrads gelangen könnte. Um leichter an die Unterseite Ihres Rahmens zu gelangen, ist es am besten, wenn Sie das Rad nach vorne kippen, sodass Gabel und Lenker den Boden berühren.

Entfernen Sie zunächst den gröbsten Schmutz: Staub und Schlamm mit einem einfachen Wasserstrahl. Arbeiten Sie bei allen Schritten von unten nach oben.

Ein gut gereinigtes Fahrrad ist vor allem ein gut entfettetes Fahrrad! Nehmen Sie ein herkömmliches Geschirrspülmittel oder noch besser einen biologisch abbaubaren Fettreiniger speziell für Fahrräder. Sprühen oder pinseln Sie das Produkt auf die fettigen Stellen wie Kettenblatt, Kette, Ritzel usw. und lassen Sie es ca. 5 Minuten einwirken. Das reicht in der Regel aus, um das Fett zu lösen. (Für eine gründliche Reinigung der Antriebseinheit siehe S. 70).

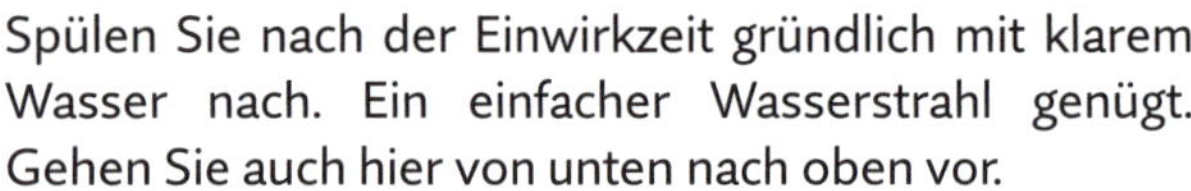

4

Spülen Sie nach der Einwirkzeit gründlich mit klarem Wasser nach. Ein einfacher Wasserstrahl genügt. Gehen Sie auch hier von unten nach oben vor.

☺ Verwenden Sie keinen Hochdruckreiniger. Dadurch können Sie Wasser in eigentlich abgedichtete Teile wie Tretlager und Naben pressen und diese beschädigen.

5

Jetzt müssen Sie schrubben. Verwenden Sie ein umweltfreundliches Fahrradshampoo oder einfach Seifen- oder Spülmittelwasser und einen Schwamm, um die letzten Schmutzpartikel zu entfernen.

6

Spülen Sie ein letztes Mal mit klarem Wasser nach und trocknen Sie das Fahrrad mit einem sauberen Lappen. Unterschätzen Sie diese Trocknungsphase nicht, denn die Metallteile und Lager sind feuchtigkeitsempfindlich. Verwenden Sie bei Bedarf ein Glanzmittel.

☺ An der Unterseite Ihres Rahmens befinden Löcher. Durch sie kann Wasser, das eingedrungen ist, wieder ablaufen. Achten Sie darauf, dass diese Löcher nicht verstopft sind.

DT SWISS
SRAM
BIKE CLEANER

Reinigung der Antriebseinheit

Schwierigkeit: leicht
Zeitaufwand: 10 bis 15 Minuten

Die Antriebseinheit – d. h. das Tretlager, die Kette, Ritzel und Schaltwerk – verschmutzt schneller als alle anderen Fahrradteile. Damit Ihr Fahrradgetriebe reibungslos funktioniert, müssen Sie es regelmäßig entfetten, gründlich reinigen und wieder mit frischem Schmiermittel versehen. Denn Schmutz bleibt sonst an den Schmierfetten haften und wirkt wie Sandpapier.

Was brauchen Sie?

- Ritzelbürste
- Bürste mit harten Borsten
- Tuch
- Fettlöser
- Kettenschmiermittel

Was Sie noch brauchen könnten

- Montageständer
- Kettenhalter
- Kettenreiniger

1

2

Da Schmutz sich besonders in Ecken und Winkeln absetzt, sollten Sie Ritzel, Kettenblätter, Schaltwerk und Laufrollen mit einer Ritzelbürste Ⓐ reinigen, um alle Ablagerungen zu entfernen. Verwenden Sie eine Bürste mit harten Borsten, um das Fett von den Zähnen der Kassette und den Kettenblättern zu lösen. In Fahrradgeschäften finden Sie spezielle Bürstensets, aber Sie können genauso gut eine außer Dienst gestellte Zahnbürste verwenden.

Besondere Sorgfalt ist beim Entfetten der Kette geboten, da sich dort bei jeder Fahrt Staub ansammelt, der wie Schleifpapier wirkt. Es gibt für diesen Zweck extra Reinigungsgeräte Ⓑ. Hier wird die Kette zwischen mehreren gegenläufigen Bürsten durchgezogen und gründlich entfettet.

Auch hier gilt: Wenn Sie nicht über eine entsprechende Ausrüstung verfügen, ist das nicht weiter schlimm. Verwenden Sie z. B. eine Nagelbürste, um die Oberseite, die Unterseite und die Seiten der Kette zu schrubben und so hartnäckiges Fett zu lösen, vor dem der Entfetter kapituliert.

3

Bringen Sie die Scheibenbremsen nie mit Ihren Fingern oder fettigen Gegenständen in Kontakt! Sie könnten die Beläge verschmutzen und sie dann vorzeitig erneuern müssen. Für Scheibenbremsen gibt es spezielle Fettreiniger.

Sammeln Sie das Schmutzwasser und das restliche Fett in einer Flasche und bringen Sie alles zum Wertstoffhof.

Schmieren

Schwierigkeit: .... leicht
Zeitaufwand: .... 5 Minuten

Eine Fahrradkette muss regelmäßig geschmiert werden, damit sie leichtgängig und leise läuft und vor allem, damit sie weniger verschleißt. Wenn Sie mit einer Kette fahren, die nicht richtig geschmiert ist, verkürzt sich nicht nur die Lebensdauer der Kette, sondern auch die der Kettenblätter und Ritzel Ihres Fahrrads. Eine geschmierte Kette verringert die mechanische Reibung und schützt die Kettenglieder vor Feuchtigkeit und Staub. Es ist also ein Punkt, dem Sie große Aufmerksamkeit schenken sollten. Wenn Sie feststellen, dass Ihre Kette trocken ist und Geräusche macht, wenn Sie in die Pedale treten, oder dass Ihre Gänge schlecht schalten, ist es dringend notwendig, sie zu schmieren.

Was brauchen Sie?

- Kettenschmiermittel
- Tuch

Bevor Sie anfangen:

- Entfetten Sie das Schaltwerk (siehe S. 70).

1

Nachdem Sie alle Teile der Antriebseinheit entfettet und getrocknet haben, suchen Sie sich ein Schmiermittel aus, das den zu erwartenden Wetterbedingungen entspricht. Es gibt deren viele, einige auf Öl-, andere auf Wachsbasis, aber jedes ist für eine bestimmte Wetterlage optimiert. Ein Schmiermittel für trockenes Wetter verschmutzt die Kette weniger, verabschiedet sich aber nach dem ersten Regenguss. Bei einem Schmiermittel für feuchtes Wetter ist es umgekehrt. In jedem Fall sollten Sie ein umweltfreundliches und biologisch abbaubares Schmiermittel wählen.

☺ Wenn Sie kein Kettenfett zur Hand haben, tut's auch Olivenöl. Es ist allerdings nicht so lange wirksam wie ein Schmiermittel auf Wachsbasis.

△ Fett wirkt wie ein Staubschwamm. Verwenden Sie lieber Öl, um Ihre Kette zu schmieren.

2

Drehen Sie das Pedal langsam gegen die Fahrtrichtung und geben Sie auf jede kleine Rolle auf der Innenseite der Kette, d.h. auf der Seite, die mit den Zähnen von Ritzel und Kettenblatt in Berührung kommt, einen Tropfen Schmiermittel. Wiederholen Sie den Vorgang auf der Außenseite der Kette.

☺ Es ist nicht nötig, die Seiten der Kettenglieder zu schmieren. Für den Leichtlauf bringt das nichts, zieht aber zusätzlichen Schmutz an.

3

Um sicherzustellen, dass das Schmiermittel gut eindringt, drehen Sie das Pedal in Fahrtrichtung und schalten Sie alle Gänge durch.

☺ Ein Montageständer macht diese Arbeit viel einfacher, aber Sie können auch einen Freund bitten, das Fahrrad 10 cm über dem Boden zu halten, damit das Laufrad während des Vorgangs frei drehen kann.

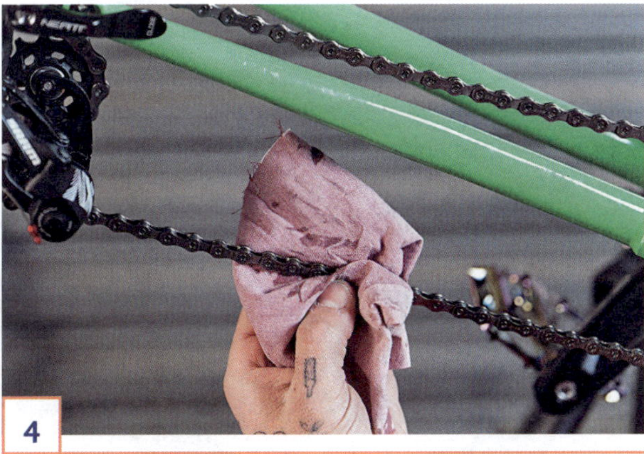

4

Entfernen Sie überschüssiges Schmiermittel mit einem Tuch, damit die Kette nicht unnötig stark verschmutzt.

☺ Wenn Sie flüssiges Wachsschmiermittel verwenden, sollten Sie ein paar Stunden warten, bevor Sie das Fahrrad benutzen, damit es die Teile der Kette gut benetzen kann.

Routine-Check

Bevor Sie sich fröhlich auf das Fahrrad schwingen, sollten Sie sich vergewissern, dass technisch alles in Ordnung ist. Es gibt dafür nichts Besseres, als sich vor jeder Fahrt ein kleines Ritual in Form einer Check-Liste mit Routine-Überprüfungen aufzuerlegen. Hier sind die Dinge, die Sie auf jeden Fall regelmäßig überprüfen sollten:

1 Druck im Reifen

Egal, ob Sie damit fahren oder nicht, Fahrradreifen haben die unangenehme Eigenschaft, kontinuierlich Luft zu verlieren. Prüfen Sie vor jeder Fahrt den Reifendruck, damit Sie nicht mit zu wenig Luft im Reifen fahren. Natürlich müssen Sie den Druck nicht mehrmals täglich oder jeden Tag messen, aber behalten Sie das Thema im Hinterkopf, bevor Sie losfahren.

Der ideale Reifendruck ist abhängig von Ihrem Gewicht und dem Gewicht des Fahrrads, dem Fahrradtyp, der Größe und den Eigenschaften Ihrer Reifen. Am besten befolgen Sie diese kleine, einfache Regel: Pumpen Sie Ihre Reifen bis zu einem Mittelwert zwischen dem minimalen und dem maximalen empfohlenen Druck auf. Wenn Sie hauptsächlich auf Straßen und mit Schlauchreifen fahren, erhöhen Sie den Reifendruck ein wenig. Und umgekehrt, wenn Sie hauptsächlich auf unbefestigten Wegen und mit Tubeless-Reifen fahren, lassen Sie etwas Luft heraus. Passen Sie den Luftdruck Ihrem Gefühl an. Je mehr Luft Sie aufpumpen, desto unbequemer, »härter« wird Ihr Fahrrad ... Achten Sie aber darauf, nicht zu viel Luft abzulassen, sonst könnte der Schlauch eingeklemmt werden und Schaden nehmen.

Manche Hersteller wie z. B. SRAM bieten zur größeren Genauigkeit Werkzeuge an, um den idealen Reifendruck zu berechnen: https://axs.sram.com/guides/tire/pressure

2 Die Kette schmieren

Wie wir gesehen haben ist es wichtig, die Kette regelmäßig zu schmieren um die Antriebseinheit sauber und lauffreudig zu halten. Prüfen Sie mit dem Finger, ob die Kette nicht zu trocken ist. Wenn Ihre Kette sauber und gut geschmiert ist, sollten Sie nur Schmiermittel auf dem Finger haben. Wenn Sie den Eindruck haben, dass die Kette trocken ist, empfiehlt sich, sie vor der Fahrt zu schmieren. Wenn andererseits ölverschmutzter Dreck auf Ihrem Finger ist, sollten Sie Ihre Kette dringend reinigen und schmieren (siehe S. 70 bis 73).

3 Bremsen checken

Die Bremsen tragen zur Verkehrssicherheit bei, hier wäre definitiv am falschen Platz gespart. Eine einfache Überprüfung besteht darin, den Weg der Bremshebel zu kontrollieren. Dieser muss fest und kurz sein, die Hebel dürfen den Lenker nicht berühren, wenn Sie die Bremse voll anziehen. Achten Sie auch darauf, dass die Bremsklötze nicht an der Felge bzw. die Bremsbeläge nicht an der Bremsscheibe schleifen, wenn Sie das Rad drehen. Ist dies der Fall, müssen Sie Ihre Bremsen nachstellen. (siehe S. 84 bis 93).

4 Laufen die Laufräder?

Vergewissern Sie sich, dass die Laufräder gut zentriert sind und vorhandene Schnellspanner in geschlossener Stellung richtig sitzen. Achten Sie auch darauf, dass die Speichenspannung gleichmäßig ist und die Laufräder keinen Schlag haben, also nicht verbogen sind (siehe S. 142).

5 Steuersatz ohne Spiel?

Der Steuersatz darf überhaupt kein Spiel haben. Es ist daher wichtig, ihn ab und zu zu überprüfen. Ziehen Sie die Vorderradbremse mit einer Hand an und halten Sie mit der anderen Hand das Fahrrad am Lenkkopf. Spüren Sie ein Spiel, wenn Sie das Rad nach vorne und nach hinten bewegen, müssen Sie Spiel des Steuersatzes nachjustieren (siehe S. 94).

6 Schrauben locker?

Durch Erschütterungen können sich Schrauben lockern. Manchmal verliert man z. B. Kettenblattschrauben ohne es zu merken. Überprüfen Sie Ihre Schrauben regelmäßig und ziehen Sie sie nach, um solch ein Missgeschick zu vermeiden: Vorbauklemmschraube, Klemmschraube für Sattel und Sattelstütze, Kettenblattschrauben usw.

△ Achten Sie auf das Anzugsdrehmoment, vor allem bei Teilen aus Carbon. Beachten Sie die Informationen des Herstellers, um keine Fehler zu machen. Oft stehen die Angaben direkt auf den Teilen.

Ladestand des Akkus

Wenn Sie ein E-Bike fahren, sollten Sie natürlich kontrollieren, ob der Akku genügend aufgeladen ist.

Sitzposition

Schwierigkeit: .... mittel
Zeitaufwand: .... 20 bis 30 Minuten

Ob Ihr Ausflug zum Vergnügen oder eher zur Qual wird, hängt im Wesentlichen davon ab, wie Sie auf dem Rad sitzen. Eine präzise Einstellung der Sitzposition verringert das Risiko von Schmerzen oder Verletzungen erheblich und stellt einen sehr wichtigen Schritt beim Anpassen Ihrer Maschine dar.

Was brauchen Sie?

- Satz Inbusschlüssel
- Maßband
- Winkelmesser
- Lot

Bevor Sie anfangen

- Stellen Sie die Position der Schuhplatten (Cleats) für Ihre Klickpedale ein, wenn vorhanden (siehe S. 80).

☺ Damit die Einstellung der Sitzposition leichter ist, sollten Sie sich von einem Freund helfen lassen.

△ Denken Sie daran, dass das Wichtigste ist, sich auf seinem Fahrrad wohl zu fühlen. Nicht Sie müssen sich an Ihr Fahrrad anpassen, sondern das Fahrrad an Sie. Wenn Sie beginnen, Kilometer für Kilometer zurückzulegen und sich dabei unwohl fühlen oder Schmerzen haben, lassen Sie sich von einem Fachmann (einem Fahrradfachhändler, Physiotherapeuten oder Sportmediziner) für ca. 100 Euro eine komplette Haltungsstudie erstellen. Es gibt sehr viele Einstellungs- und Anpassungsmöglichkeiten.

1

Um die richtige Sattelhöhe einzustellen, müssen Sie zuerst Ihre Beinlänge bis zum Schritt messen (siehe S. 24). Eine Methode, um die eigene Sattelhöhe zu ermitteln, besteht darin, die Schritthöhe mit 0,885 zu multiplizieren. Stellen Sie die Sattelhöhe ein. Sie wird von der Pedalachse bis zur Satteldecke gemessen.

2

Da es sich hierbei um einen theoretischen Wert handelt, der je nach Fahrradtyp und Körperbau leicht variieren kann, überprüfen Sie die Einstellung, indem Sie sich auf Ihr Fahrrad setzen und die Ferse (!) auf das Pedal stellen Ⓐ. Für die richtige Sattelhöhe muss das Bein bei gerader Hüfte vollständig gestreckt sein.

3

Die Einstellung der Sattelhöhe wird kontrolliert, indem das Pedal tief nach unten gestellt wird. Die Kurbel sollte sich in einer Linie mit dem Sattelrohr befinden; der Fußballen steht jetzt über der Pedalachse. Wenn Ihre Sattelhöhe richtig eingestellt ist, sollte der Winkel zwischen Unter- und Oberschenkel 30° betragen Ⓑ.

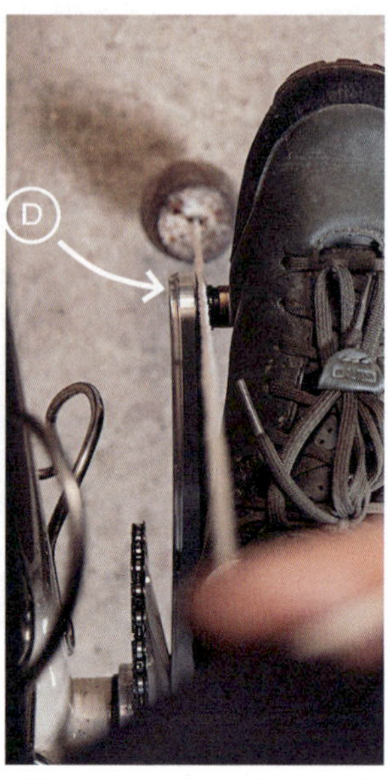

Um die horizontale Sattelposition zu bestimmen, stellen Sie das Pedal waagerecht nach vorn (C). Überprüfen Sie mit einem Lot, dass die Vorderseite Ihres Knies senkrecht über der Pedalachse steht (D). Wenn das Lot z. B. 5 mm zu weit vorne liegt, müssen Sie den Sattel um 5 mm nach hinten schieben. (C).

Jedes Mal, wenn Sie die horizontale Einstellung des Sattels ändern, müssen Sie die richtige Einstellung der Sattelhöhe erneut überprüfen und eventuell nachjustieren.

Um die Position der Arme einzustellen, messen Sie den Winkel zwischen Hüfte, Schulter und Hand (zwischen dem dritten und vierten Fingerglied bei einem Rennradlenker, an der Seite bei einem geraden Lenker). Dieser Winkel sollte 90° betragen. Passen Sie den Abstand zwischen Lenker und Sattel durch die Wahl eines Vorbaus von entsprechender Länge an. Die Neigung des Vorbaus bestimmt die Neigung Ihres Rückens: etwas aufrechter für eine bequeme, etwas tiefer für eine sportliche Sitzposition.

Beim Rennrad besteht der letzte Schritt darin, den Neigungswinkel des Lenkers und damit die Höhe der Bremsgriffe. Die Handgelenke sollten nicht abgeknickt sein, wenn sie auf dem Bremshebel liegen.

MAXXIS
Helmut

Position der Schuhplatten für Klickpedale

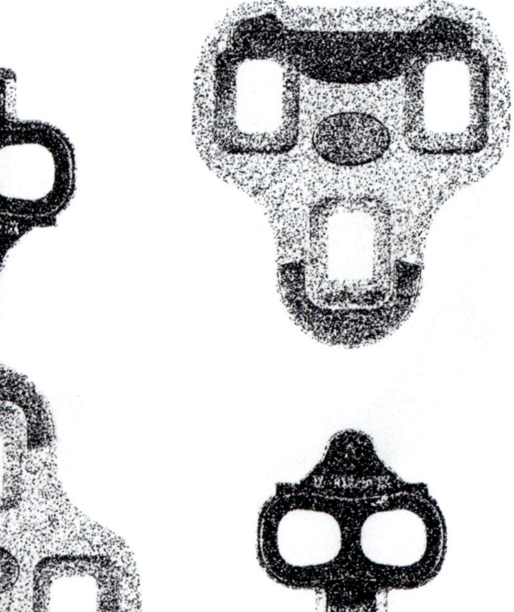

Schwierigkeit: .... mittel
Zeitaufwand: .... 20 Minuten

Die richtige Einstellung Ihrer Schuhplatten ist wichtig. Sie gewährleistet eine optimale Kraftübertragung beim Treten der Pedale und kann Ihnen Schmerzen und Verletzungen ersparen.

Was brauchen Sie?

- Klebeband
- weißer Filzstift (wasserlöslich)
- Lineal
- Inbusschlüssel

Was Sie noch brauchen könnten

- Winkelmesser

1

Ziehen Sie Ihre Schuhe an. Auf jeder Seite des Fußes haben Sie einen Höcker an der Stelle des MTP-Gelenks (Metatarsophalangealgelenk/Mittelfußgelenk). Markieren Sie die Stellen mit einem Klebeband (A) auf Ihrem Schuh.

2

Ziehen Sie die Schuhe aus und übertragen Sie diese Markierung auf die Sohle (B). Die beiden Markierungen sollten am Rand stehen, also einige Zentimeter von der Längsachse der Schuhe entfernt sein (C).

3

Ziehen Sie eine Linie zwischen den beiden Markierungen. Diese Linie muss senkrecht zur Längsachse des Schuhs verlaufen (D) und in gleichem Abstand zwischen den beiden Markierungen liegen (E). Dies ist die natürliche Abstützachse Ihres Fußes.

Einige Schuhmodelle haben Sohlen mit aufgedruckter Skala, die Ihnen bei der Orientierung hilft.

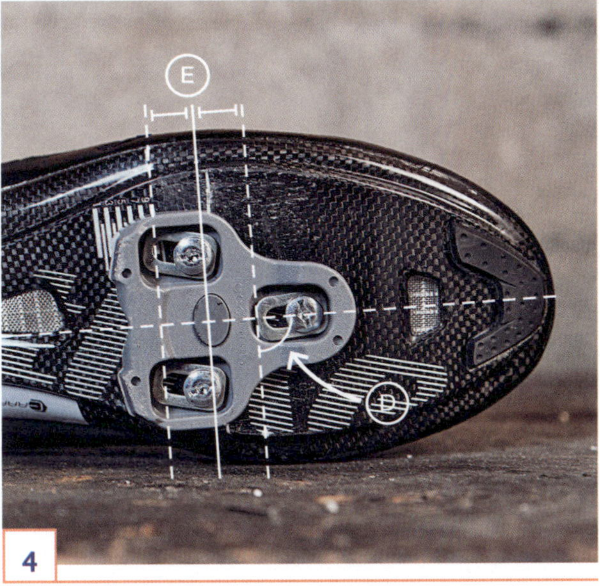

4

Nun müssen Sie nur noch die Cleats an dieser Markierung anbringen. Achten Sie auf die Markierung auf den Platten und bringen Sie sie in Übereinstimmung mit der Linie, die Sie auf den Schuh gezeichnet haben.

△ Man kann bei den Cleats auch den Abstand von und den Winkel zur Sohlenfläche einstellen. Das ist aber eine Fummelei, die in der Regel nicht nötig ist und bei der man oft mehr kaputtmacht als verbessert.

Die Schaltung richtig einstellen

Schwierigkeit: .... schwierig
Zeitaufwand: .... 10 bis 15 Minuten

Mit der Zeit kann es vorkommen, dass sich Ihre Schaltung verstellt. Man merkt dies daran, dass sich einzelne Gänge schwer oder gar nicht schalten lassen oder dass die Fahrradkette öfter springt. Das ist ganz normal. Eine kleine Anpassung der Gangschaltung, und alles sollte wieder in Ordnung sein.

Was brauchen Sie?

- Inbusschlüssel
- Kreuzschlitzschraubendreher

Bevor Sie anfangen

- Stellen Sie Ihr Fahrrad auf einen Montageständer.
- Prüfen Sie den Zustand der Schaltungskabel und erneuern Sie es gegebenenfalls.
- Reinigen Sie die Antriebseinheit (siehe S. 70) und schmieren Sie die Kette (siehe S. 72).

Der erste Schritt besteht darin, den oberen und unteren Anschlag des Umwerfers zu prüfen. Die Kette darf nicht über das äußere und das innere Kettenblatt hinausgedrückt werden, muss sie aber natürlich erreichen. Wenn die Kette auf dem großen Kettenblatt und dem kleinsten Ritzel abspringt oder es nicht erreicht, müssen Sie die obere Begrenzung, die in der Regel mit dem Buchstaben H gekennzeichnet ist, einstellen Ⓐ. Passiert dies mit dem kleinen Kettenblatt und dem größten Ritzel, müssen Sie die untere Begrenzung, die mit dem Buchstaben L gekennzeichnet ist, einstellen Ⓑ.

Bei einer guten Einstellung sollte die Kette in der Mitte der Umwerfergabel Ⓒ laufen, egal, auf welchem Kettenblatt sie liegt.

Prüfen Sie nun den oberen und den unteren Anschlag des Schaltwerks. Die Kette darf nicht über das erste und das letzte Ritzel hinausgedrückt werden, muss sie aber erreichen. Wenn die Kette am kleinsten Ritzel und dem großen Kettenblatt abspringt oder es nicht erreicht, müssen Sie den äußeren Anschlag, der in der Regel mit dem Buchstaben H gekennzeichnet ist, einstellen Ⓓ. Passiert dies mit dem größten Ritzel und dem kleinen Kettenblatt, müssen Sie den unteren Anschlag (L) einstellen Ⓔ.

Bei einer korrekten Einstellung liegen die Laufrollen des Schaltwerks genau in der Flucht des ersten bzw. letzten Ritzels.

3

Wenn sich die Gänge schwer schalten lassen, ist wahrscheinlich die Indexierung fehlerhaft (F). Die Einstellung erfolgt über die Justierhülse, die man am Umwerfer oder am Schalthebel findet Ⓕ.

Wenn sich nicht auf ein größeres Ritzel bzw. größeres Kettenblatt schalten lässt, müssen Sie das Umwerferkabel spannen, indem Sie die Justierung gegen den Uhrzeigersinn drehen. Wenn Sie nicht die Gegenrichtung schalten können, müssen Sie das Umwerferkabel hingegen lockern und die Justierung im Uhrzeigersinn drehen.

Probieren Sie nacheinander alle Gänge durch, um die richtige Einstellung zu finden.

Felgenbremsen einstellen

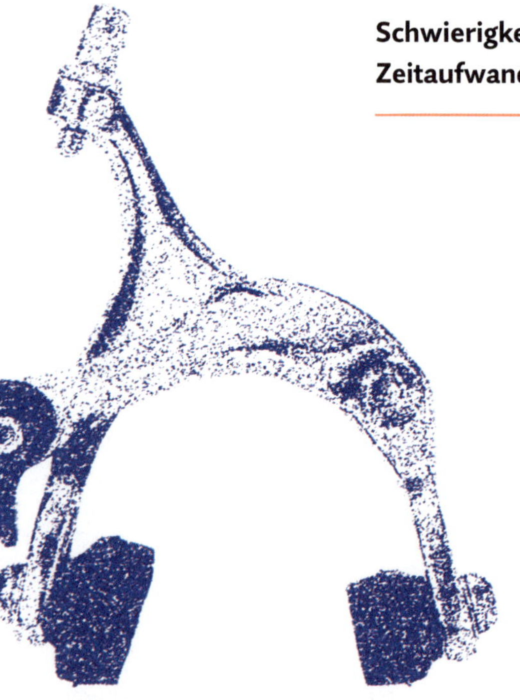

Schwierigkeit: .... leicht
Zeitaufwand: .... 10 bis 15 Minuten je Bremse

Die Bremsen sind ein entscheidender Punkt, auf den Sie achten müssen. Ihre Bremsen müssen unter allen Umständen wirksam und zuverlässig sein. Durch die Abnutzung der Bremsklötze und die Längung der Bowdenzüge verlieren Ihre Bremsen an Biss. Jetzt müssen Sie die Bremsen nachjustieren.

Was brauchen Sie?

— Inbusschlüssel

Was Sie noch brauchen könnten

— Kabelziehzange

Bevor Sie anfangen

— Überprüfen Sie, ob die Bremsklötze nicht zu stark abgenutzt sind und tauschen Sie sie gegebenenfalls aus (siehe S. 124).
— Stellen Sie das Fahrrad auf einen Montageständer.

Drehen Sie die Bremseinstellschraube Ⓐ zum Anschlag, um das Kabel zu lockern, und dann um eine Vierteldrehung zurück, damit sie nicht am Anschlag bleibt.

Der Bremsbelagspreizer muss geschlossen sein Ⓑ.

Wenn Ihr Bremseinstellzylinder bereits bis zum Anschlag gedreht war, brauchen Ihre Bremsen möglicherweise keine vollständige Einstellung. Drehen Sie in diesem Fall bei den folgenden Schritten nur an der Einstellschraube.

Lösen Sie die Klemmschraube Ⓒ und spannen Sie das Bremskabel Ⓓ. Ziel dieses Vorgangs ist es, die Bremsbeläge so nahe wie möglich an die Felge zu bringen (etwa 1 mm Abstand).

Sie erleichtern sich die Arbeit mit einer Kabelziehzange.

Richten Sie die Bremsbeläge aus. Sie müssen parallel zum Felgenverlauf stehen und mittig auf der Felgenflanke aufliegen.

Achten Sie auf die Laufrichtung der Bremsbeläge. Sie wird in der Regel durch einen Pfeil in Richtung der Vorderseite des Fahrrads oder auch durch die Buchstaben R und L für rechts und links angegeben.

Ziehen Sie den Bremshebel, um Position und Abstand der Bremsbeläge zu kontrollieren. Justieren Sie gegebenenfalls die Spannung des Bremskabels.

Wenn die Bremsearme nicht mittig zum Laufrad stehen, können Sie die Position korrigieren, nachdem Sie die Hülsenschraube Ⓔ gelockert haben (5-mm-Inbusschlüssel), mit der die Bremse am Rahmen befestigt ist.

V-Brakes einstellen

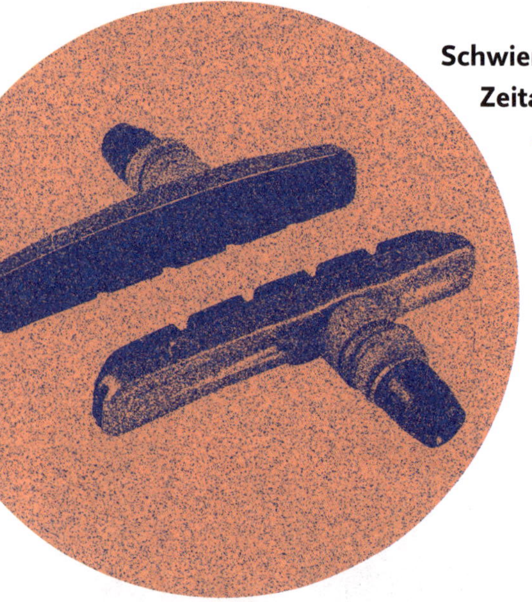

Schwierigkeit .... leicht
Zeitaufwand ..... 10 bis 15 Minuten je Bremse

V-Brakes sind etwas aus der Mode gekommen, werden jedoch noch gern an Laufrädern für breitere Reifen verbaut, wie z. B. Mountainbikes oder City-Bikes. Auch sie müssen regelmäßig eingestellt werden, damit die Bremswirkung mit der Zeit nicht nachlässt.

Was brauchen Sie?

- Inbusschlüssel
- Kreuzschlitzschraubendreher

Was Sie noch brauchen könnten

- Kabelziehzange

Bevor Sie anfangen

- Stellen Sie sicher, dass die Bremsbeläge nicht zu sehr abgenutzt sind und ersetzen Sie sie gegebenenfalls (siehe S. 124).
- Stellen Sie das Fahrrad auf einen Montageständer.

1

Drehen Sie den Bremseinstellzylinder Ⓐ bis zum Anschlag, um das Kabel zu lockern, und drehen sie dann um eine Vierteldrehung zurück.

2

Lösen Sie die Klemmschraube Ⓑ und spannen Sie das Bremskabel Ⓒ. Ziel dieses Vorgangs ist es, die Bremsbeläge so nahe wie möglich an die Felge zu bringen (etwa 1 mm Abstand).

☺ Sie erleichtern sich die Arbeit mit einer Kabelziehzange.

3

Ziehen Sie den Bremshebel, um Position und Abstand der Bremsbeläge zu kontrollieren. Justieren Sie gegebenenfalls die Spannung des Bremskabels.

4

Richten Sie die Bremsbeläge aus. Sie müssen parallel zum Felgenverlauf stehen und mittig auf der Felgenflanke aufliegen.

Achten Sie auf die Laufrichtung der Bremsbeläge. Sie wird in der Regel durch einen Pfeil in Richtung der Vorderseite des Fahrrads oder auch durch die Buchstaben R und L für rechts und links angegeben.

5

Wenn die Bremsarme nicht mittig zum Laufrad stehen, stellen Sie die Ausrichtung mit der Schraube der Rückholfeder an der Seite ein, an der der Bremsbelag der Felge näher steht.

Mechanische Scheibenbremsen einstellen

Schwierigkeit: .... leicht
Zeitaufwand: .... 10 bis 15 Minuten je Bremse

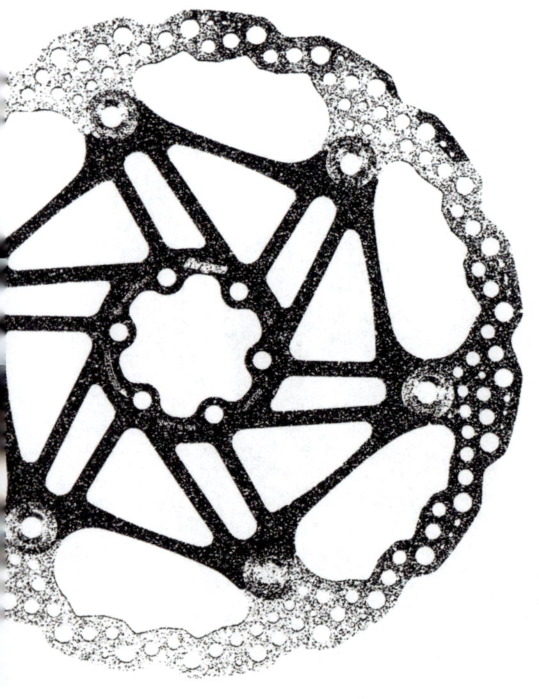

Auch wenn die Wartung von Scheibenbremsen als leichter angesehen wird als die von Felgenbremsen, ist eine minutiöse Einstellung unerlässlich, damit sie ihre volle Wirkung entfalten können.

Was brauchen Sie?

— Inbusschlüssel

Was Sie noch brauchen könnten

— Kabelziehzange

Bevor Sie anfangen

— Vergewissern Sie sich, dass die Bremsbeläge nicht zu sehr abgenutzt sind und ersetzen Sie sie gegebenenfalls (siehe S. 126).
— Stellen Sie das Fahrrad auf einen Montageständer.

1

Vergewissern Sie sich, dass die Bremsscheibe zentriert ist. Dafür müssen Sie die beiden Befestigungsschrauben des Bremssattels (A) etwas lösen und dann wieder anziehen, während Sie den Bremshebel betätigen (B). Drehen Sie das Laufrad, um zu prüfen, ob sich die Scheibe frei im Bremssattel drehen kann und nehmen Sie nötigenfalls eine Feineinstellung von Hand vor. Wenn die Bremsscheibe trotzdem noch immer nicht ausgerichtet ist oder zeitweise die Beläge berührt, sollten Sie erwägen, die Bremsscheibe zu zentrieren (siehe S. 146).

2

Drehen Sie den Bremseinstellzylinder bis zum Anschlag, um das Kabel zu lockern, und drehen sie dann um eine Vierteldrehung zurück.

3

Wenn Ihre Bremse dies zulässt, stellen Sie mit einem Inbusschlüssel den Kolbenhub so ein, dass die Bremsbeläge rechts und links so nahe wie möglich an die Bremsscheibe rücken (weniger als 0,5 mm entfernt).

4

Wenn dies nicht genügt oder Ihre Bremse eine Einstellung des Kolbenhubs nicht zulässt, lösen Sie die Befestigungsschraube und spannen Sie das Bremskabel, wieder – mit dem Ziel, die Beläge näher an die Bremsscheibe zu bringen.

☺ Eine Kabelziehzange erleichtert Ihnen die Arbeit.

Hydraulische Scheibenbremsen entlüften

Schwierigkeit: .... schwierig
Zeitaufwand: .... 30 Minuten je Bremse

Hydraulische Scheibenbremsen sind stärker und zuverlässiger als mechanische. Sie haben auch den Vorteil, dass sie weniger oft gewartet werden müssen. Allerdings ist die Wartung aufwändig. Eine regelmäßige Entlüftung ist nötig, damit die volle Bremskraft erhalten bleibt. Dabei werden Luftblasen entfernt, die in das System gelangt sind.

Was brauchen Sie?

- Inbusschlüssel
- Bremsflüssigkeit
- Entlüftungskit für hydraulische Scheibenbremsen
- Bremsenreiniger
- sauberes Tuch
- Bremsbelagspreizer
- Entlüftungsblock

Bevor Sie anfangen

- Montieren Sie das Laufrad ab.
- Entfernen Sie die Bremsbeläge.

1

Schieben Sie die Kolben mit einem Bremsbelagspreizer zurück.

Diesen Schritt können Sie ausführen, bevor Sie die Bremsbeläge entfernen.

2

Setzen Sie den Entlüftungsblock anstelle der Bremsbeläge in den Bremssattel und ziehen Sie die Halteschraube der Bremsscheiben wieder an.

3

Schrauben Sie die Entlüftungsschraube am Bremshebel ab.

Manche Bremsflüssigkeiten sind sehr ätzend. Halten Sie immer einen Lappen bereit, um schnell aufzuwischen, wenn Bremsflüssigkeit auf Ihr Fahrrad tropft.

4

Bringen Sie mit Hilfe der Adapter, die im Entlüftungskit mitgeliefert werden den Entlüftungstrichter (bei Shimano-Scheibenbremsen) bzw. die Entlüftungsspritze (bei Campagnolo- und SRAM-Bremsen) anstelle der Entlüftungsschraube an. Sie können bereits etwas Bremsflüssigkeit in den Trichter füllen.

△ Es gibt zwei Arten von Bremsflüssigkeit: Mineralöl, das vor allem bei Shimano verwendet wird, und synthetisches Öl, das sogenannte »DOT-Öl«, das vor allem bei SRAM-Systemen zum Einsatz kommt. Diese beiden Arten sind nicht miteinander kompatibel.

5

Entfernen Sie die Entlüftungsschraube am Bremssattel und setzen Sie an deren Platz die mit Bremsflüssigkeit gefüllte Spritze an.

6

Ziehen Sie den Kolben der Spritze an, um die Luftblasen aufzusaugen, die sich nach der Installation des Entlüftungskits gebildet haben. Sie sollten sehen, dass sie in den Schlauch der Spritze hochsteigen. Sobald keine Luftblasen mehr vorhanden sind, können Sie auf den Kolben der Spritze drücken, um die Bremsflüssigkeit in das System zu pressen (A). Sie sollten sehen, dass der Flüssigkeitspegel im Trichter steigt (B).

Klopfen Sie auf den Schlauch und den Bremssattel, damit die letzten Luftblasen entweichen.

△ Achten Sie darauf, keine Luft in den Kreislauf zurückzuführen.

7

Jetzt können Sie die Spritze entfernen und die Entlüftungsschraube wieder auf den Bremssattel schrauben.

△ Entfernen Sie eventuelle Spuren von Bremsflüssigkeit auf dem Bremssattel mit entsprechendem Reiniger.

8

Setzen Sie die Verschlusskappe wieder in den Trichter ein und entfernen Sie den Trichter. Die Flüssigkeit sollte bündig mit dem Gewinde abschließen, um sicherzugehen, dass beim Schließen keine Luft eindringt. Schrauben Sie die Entlüftungsschraube wieder auf den Bremshebel. Prüfen Sie den Weg des Bremshebels. Er muss kurz und fest sein, damit eine wirksame Bremskraft gewährleistet ist.

FOR SINGLE USE
HYDRAULIC MINERAL OIL

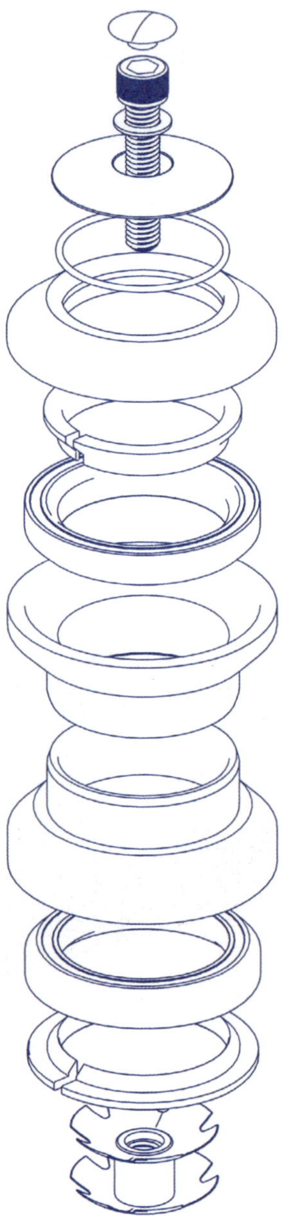

Steuersatz einstellen

Schwierigkeit: .... leicht
Zeitaufwand: .... 5 Minuten

Wenn Sie Spiel im Steuersatz feststellen, der Vorbau nicht korrekt mit dem Vorderrad ausgerichtet ist oder der Vorbau nicht richtig festgezogen ist, besteht dringender Handungsbedarf! Ein schlecht eingestellter Steuersatz verschleißt schnell, kann das Steuerrohr beschädigen und im schlimmsten Fall zu einem Unfall führen.

Was brauchen Sie?

- Inbusschlüssel

Was Sie noch brauchen könnten

- Drehmomentschlüssel (5 Nm)

1

Lockern Sie die Schrauben, die sich auf beiden Seiten des Vorbaus befinden Ⓐ so weit, dass Sie den Vorbau unabhängig von der Gabel drehen können, um ihn mit dem Vorderrad auszurichten.

2

Wenn Sie ein Spiel in der Lenkung feststellen (siehe S. 75), müssen Sie die darüber liegende Schraube Ⓑ, die die Vorbaukappe hält, festziehen.

△ Ziehen Sie nicht zu fest an, da Sie sonst die Lager Ihres Steuersatzes beschädigen. Ihr Steuersatz muss frei beweglich sein, ohne zu haken. Wenn Sie einen Drehmomentschlüssel haben, sollten Sie ein Drehmoment zwischen 3 und 5 Nm einstellen.

3

Wenn der Vorbau mit dem Laufrad ausgerichtet ist und die Lenkung kein Spiel mehr hat, können Sie die Schrauben am Vorbau wieder festziehen.

△ Wenn Ihr Gabelschaft aus Karbon ist, sollten Sie einen Drehmomentschlüssel von 5 Nm verwenden.

4

Prüfen Sie Ihre Einstellung. Wenn Sie immer noch ein Spiel in der Lenkung feststellen, müssen Sie eventuell die Lager des Steuersatzes erneuern. Wenden Sie sich an einen Fachmann, der Sie beraten kann.

Kettenspannung bei Singlespeed-Antrieb

Schwierigkeit: .... leicht
Zeitaufwand: .... 5 Minuten

Bei Fahrrädern ohne Kettenschaltung müssen Sie die Spannung der Kette selbst einstellen, indem Sie den Abstand zwischen dem Hinterrad und dem Tretlager verändern. Mit der Zeit lockert sich die Kette. Sie müssen deshalb regelmäßig nachspannen.

Was brauchen Sie?

– Gabel- oder Ringschlüssel 15 mm

1

Lockern Sie die Muttern der Hinterradnabe, damit Sie die Achse in den Ausfallenden bewegen können.

2

Ziehen Sie das Rad nach hinten, um die Kette zu spannen. Schrauben Sie eine der Muttern wieder fest.

△ Passen Sie auf, dass Ihre Finger nicht zwischen Kettenblatt und Kettenstrebe geraten.

3

Ziehen Sie nochmals am Rad, bis es perfekt im Rahmen zentriert ist und ziehen Sie die zweite Mutter wieder fest.

4

Drehen Sie am Pedal, um sicherzustellen, dass die Kette genügend gespannt ist und nicht bei Erschütterungen abspringt. Ein wenig Spiel muss sie jedoch haben, damit sie nicht zu schnell verschleißt. Um die Spannung zu kontrollieren, drücken Sie auf die Mitte der Kette. Sie muss sich 1 cm nach oben anheben lassen.

Federgabel einstellen

Schwierigkeit: .... leicht
Zeitaufwand: .... 10 bis 15 Minuten

Federgabeln sind mit einem Stoßdämpfer ausgestattet, der sich zusammenzieht und wieder entspannt, um Unebenheiten im Gelände abzufedern. Die am weitesten verbreiteten Luft-Federgabeln lassen sich auf das Gewicht des Fahrers einstellen, die Federung kann jedoch mit der Zeit nachlassen. Wenn Sie feststellen, dass Ihre Gabel weich ist und bei großen Unebenheiten anschlägt, dann müssen Sie die Federung einstellen (genauer: den SAG, das ist der Einsinkgrad an der Gabel).

Was brauchen Sie?

- Hochdruckpumpe für Stoßdämpfer/Gabel
- Kabelbinder
- Lineal

1

Bringen Sie an der Basis des Standrohrs einen Kabelbinder an (A).

2

Ziehen Sie die Vorderradbremse an und belasten Sie das Vorderrad mit Ihrem ganzen Gewicht. Ziel ist es, die Gabel maximal zusammenzudrücken und dann loszulassen, damit die Gabel in ihre ursprüngliche Stellung zurückkehrt.

3

Der Kabelbinder sollte sich entlang des Tauchrohrs bis zur maximalen Eintauchstelle bewegt haben (B). Messen Sie den Abstand zwischen der Basis des Tauchrohrs und dem Kabelbinder – das ist der maximale Federweg.

4

Bringen Sie den Kabelbinder wieder an der Basis des Tauchrohrs an. Steigen Sie auf Ihr Fahrrad und fahren Sie ein paar Meter. Verteilen Sie Ihr Gewicht dabei gleichmäßig nach vorne und hinten.

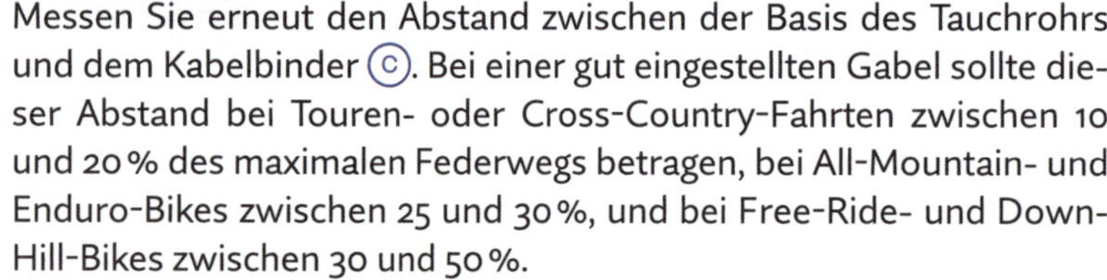

5

Messen Sie erneut den Abstand zwischen der Basis des Tauchrohrs und dem Kabelbinder ©. Bei einer gut eingestellten Gabel sollte dieser Abstand bei Touren- oder Cross-Country-Fahrten zwischen 10 und 20 % des maximalen Federwegs betragen, bei All-Mountain- und Enduro-Bikes zwischen 25 und 30 %, und bei Free-Ride- und Down-Hill-Bikes zwischen 30 und 50 %.

6

Schrauben Sie die Hochdruckpumpe auf das Luftventil. Wenn der Federweg über dem erforderlichen Wert liegt, erhöhen Sie den Druck in der Federung in Schritten von 10 PSI. Liegt der Federweg unter dem erforderlichen Wert, lassen Sie in Schritten von 10 PSI Luft ab. Wiederholen Sie Schritt 4 bis 6 so oft, bis die richtige Einstellung erreicht ist.

7

Regeln Sie danach den Rebound der Gabel: das ist die Geschwindigkeit, mit der die Gabel nach einer Dämpfung in die Ausgangsposition zurückfedert. Wählen Sie einen schnellen Rebound auf Radwegen und einen langsameren Rebound auf holprigen Pfaden. Geübte Fahrer ziehen einen schnellen Rebound vor, Anfänger verringern mit einem langsamen Rebound das Risiko von Stürzen.

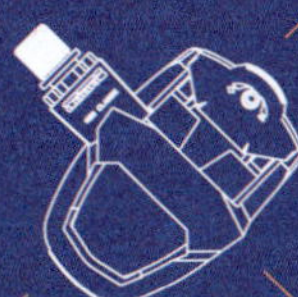
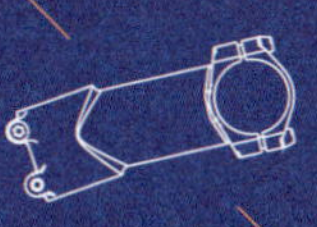

KAPITEL 3

Reparatur

Austausch von Verschleißteilen

Pannenhilfe

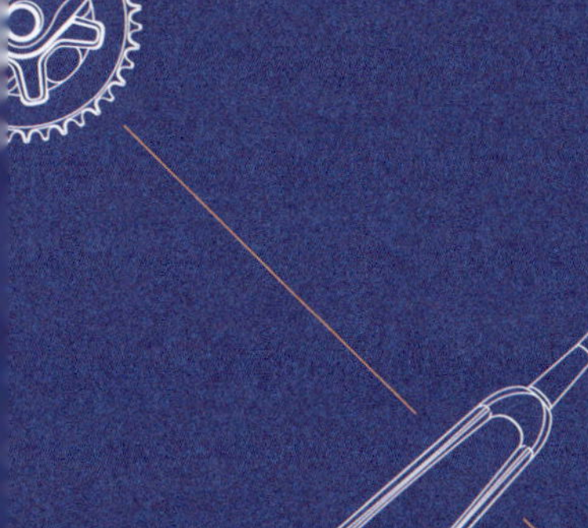

Abnutzungs-erscheinungen

Fahrräder – und seien sie noch so zuverlässig – unterliegen den Gesetzen der Mechanik und sind daher anfällig für technische Pannen. Damit diese nicht im denkbar ungünstigsten Moment auftreten, ist es am besten, den Zustand von Verschleißteilen zu prüfen, bevor es kritisch wird.

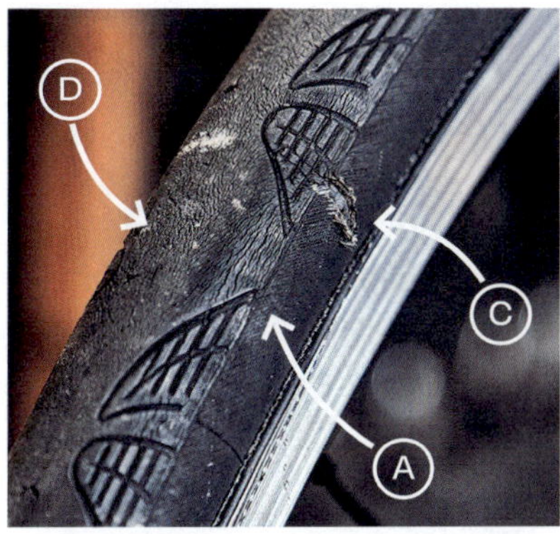

1 Reifen

Die Reifen sind Ihr einziger Kontakt mit dem Boden. Ihre Lebensdauer ist je nach Marke sehr unterschiedlich. Prüfen Sie ihren Zustand regelmäßig. Warten Sie nicht zu lange und tauschen Sie die Reifen aus, wenn:

- der Gummi rissig oder spröde aussieht (A);
- sich unter dem Gummi das Gewebe abzeichnet (B);
- die Seitenwände abbröckeln oder Kerben (C) und Beulen aufweisen;
- das Reifenprofil abnimmt oder die Spikes sich ablösen (D);
- die Abnutzungsindikatoren, die manche Reifenmarken aufweisen, verschwunden sind.

☺ Um die Lebensdauer Ihrer Reifen zu verlängern, sollten Sie möglichst nicht mit zu schwach aufgepumpten Reifen fahren und den Druck regelmäßig kontrollieren. Ebenso sollten Sie Ihr Fahrrad vor Witterungseinflüssen und übermäßigen Temperaturen schützen.

2 Die Bremsen

Wenn es um die Bremsen geht, sollten Sie nichts riskieren. Prüfen Sie regelmäßig, ob die Bremsbeläge nicht zu sehr abgenutzt sind:

- die Rillen auf den Belägen müssen noch sichtbar sein (E);
- auf den Bremsbelägen muss noch ein Belag von 1 mm Stärke vorhanden sein (F);
- die Bremsbeläge dürfen keine ungewöhnlichen Geräusche machen.

Scheibenbremsbeläge sind so konstruiert, dass sie sich anstelle der Scheiben abnutzen. Ersetzen Sie jedoch auch die Scheiben, wenn sie Abnutzungserscheinungen wie Kerben, Späne oder starke Schleier aufweisen.

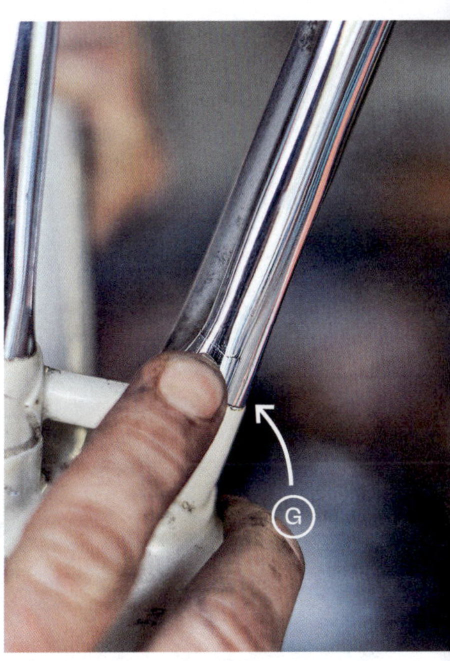

3 Rahmen

Auch der Rahmen kann sich mit der Zeit abnutzen und dann im schlimmsten Fall sogar brechen. Kontrollieren Sie von Zeit zu Zeit, ob sich Risse oder Löcher an den Rohrverbindungen gebildet haben (G). Wenn Ihr Rahmen aus Stahl ist, können Sie ihn fast immer reparieren lassen. Bei Aluminium- oder Karbonrahmen ist das Problem wahrscheinlich ernster. Wenden Sie sich an einen Fachmann, der Sie beraten kann.

Wenn Sie einen Rahmen aus Stahl haben und Rost bemerken, hilft eine sorgfältige Entrostung und das Auftragen von frischem Lack.

4 | Kette

Die Lebensdauer einer Fahrradkette liegt je nach Nutzung bei 4000 bis 10 000 km, d. h. man muss sie fast genauso häufig wechseln wie Reifen. Dies ist wichtig, weil die Kette mit zunehmendem Verschleiß immer länger wird und die Kettenglieder nicht mehr perfekt in die Zähne der Ritzel passen, was zu einem vorzeitigen Verschleiß der Kettenblätter und Kassetten führt.

Sie können den Verschleiß Ihrer Kette mit einer Kettenverschleißlehre messen. In unserem Fall zeigt die Kettenverschleißlehre zwei Werte an: 0,75 und 1,0. Die beiden Werte entsprechen einem Kettenverschleiß von 75 bzw. 100 %. Legen Sie die Seite ohne Skala in ein Kettenglied (A). Prüfen Sie, ob die skalierte Seite der Lehre in ein weiteres Kettenglied einrastet (B). Wenn nicht, ist Ihre Kette noch in Ordnung, andernfalls müssen Sie sie bald erneuern. Unterhalb von 80 % Verschleiß können bis zu vier Ketten ausgetauscht werden, bevor die Kassette ausgetauscht werden muss. Bei höheren Werten muss die Kassette gleichzeitig mit der Kette gewechselt werden (siehe S. 120).

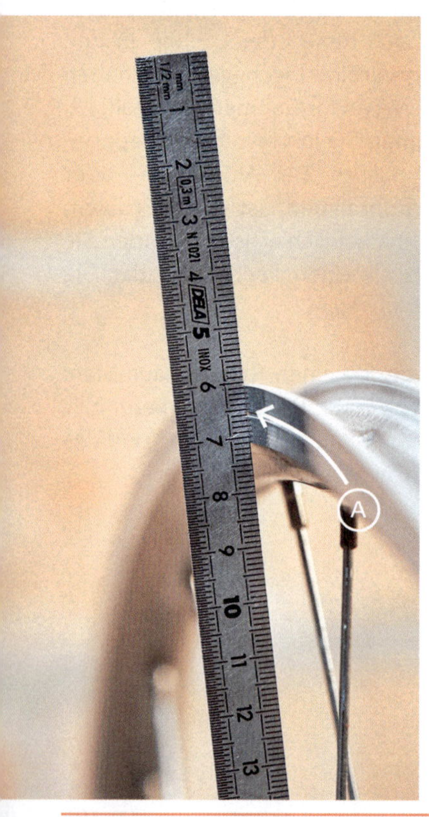

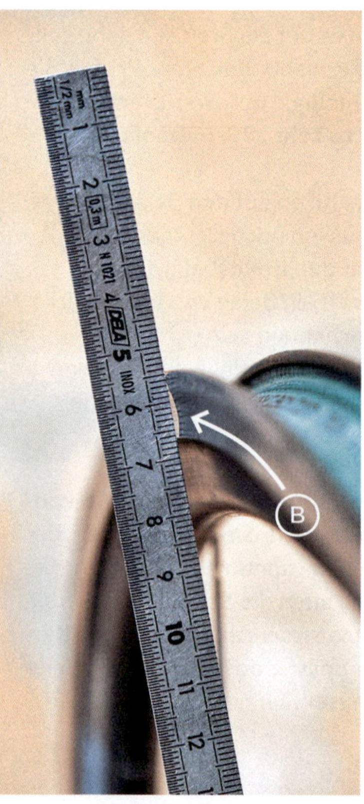

5 | Laufräder

Auch die Laufräder verdienen Ihre Aufmerksamkeit. Wenn Sie Laufräder für Felgenbremsen haben, prüfen Sie die Felgenflanke in dem Bereich, wo die Bremsklötze ansetzen. Legen Sie ein Lineal an die Felgenflanke an. Wenn sie sich perfekt an das Lineal anpasst (A), ist alles in Ordnung. Wenn Sie hingegen feststellen, dass die Flanke konkav verformt ist (B), ist es Zeit für ein neues Laufrad.

Auch eine Unwucht bei verbogener Felge oder ein übermäßiger Schleier auf der Oberfläche (siehe S. 142). können Gründe für einen Radwechsel sein.

6 Bremskabel

Ein beschädigtes Kabel kann jederzeit reißen und die normale Funktion Ihrer Bremsen und Ihrer Gangschaltung beeinträchtigen. Achten Sie darauf, dass die Innenzüge für Bremsen und Schaltung nicht ausfransen (A) und die Außenzüge keine Spuren von Rost oder Abnutzung (B) aufweisen. Andernfalls müssen Sie sie austauschen.

Reifenwechsel

Schwierigkeit: .... leicht
Zeitaufwand: .... 10 bis 15 Minuten

Ein Reifenwechsel ist Routine, und Sie werden ihn im Lauf Ihres Radlerlebens wahrscheinlich des Öfteren ausführen müssen. Die Technik ist nicht kompliziert, erfordert aber ein gewisses Geschick. Hier ist eine zuverlässige und effektive Technik, um einen Reifen zu montieren und zu demontieren.

Was brauchen Sie?

- neuen Reifen
- Reifenheber-Set
- Standpumpe

Bevor Sie anfangen

- Nehmen Sie das Laufrad ab.
- Demontieren Sie den Reifen (siehe S. 128).
- Entfernen Sie den Schlauch (siehe S. 130).

1

2

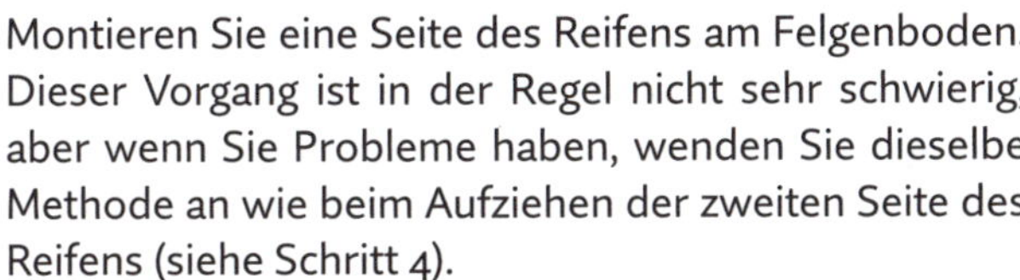

Montieren Sie eine Seite des Reifens am Felgenboden. Dieser Vorgang ist in der Regel nicht sehr schwierig, aber wenn Sie Probleme haben, wenden Sie dieselbe Methode an wie beim Aufziehen der zweiten Seite des Reifens (siehe Schritt 4).

☺ Richten Sie bereits jetzt die Markierung des Reifens mit dem Ventilloch aus, um dieses später schneller zu finden..

Montieren Sie den Schlauch (siehe S. 130). oder das Tubeless-Ventil je nach Montageart.

3

4

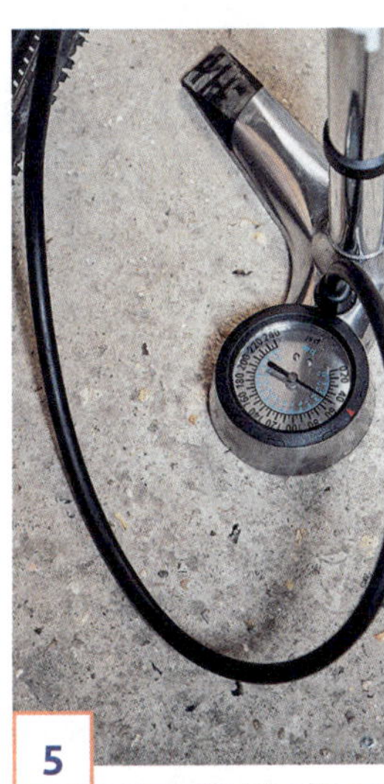

5

Stülpen Sie den Reifen mit den Händen über die Felge. Beginnen Sie am Ventil Ⓐ und arbeiten Sie sich von dort aus bis zur gegenüberliegenden Seite vor Ⓑ. Es kann sein, dass die letzten paar Zentimeter schwer einzuführen sind.

△ Vorsicht mit dem Reifenheber! Achten Sie darauf, den Schlauch nicht unter dem Reifendraht einzuklemmen.

Drücken Sie den Reifen mit Daumen und Handflächen und walken Sie den Reifen, bis der Schlauch überall in der tiefsten Stelle der Felge sitzt.

Der Reifen ist an seinem Platz. Sie können ihn nun aufpumpen.

Tubeless-Reifen montieren

Schwierigkeit: .... mittel
Zeitaufwand: .... 15 Minuten pro Reifen

Die (schlauchlose) Tubeless-Technologie scheint zwar die ideale Lösung für das häufigste Problem von Radfahrern – die Reifenpanne – zu sein, doch sie ist anfangs kompliziert zu bewerkstelligen und zu beherrschen. Es gibt verschiedene Arten von Felgen und Tubeless-Reifen. Am weitesten verbreitet ist heute die »Tubeless Ready«-Technologie, bei der der Reifen mit einem Dichtungsmittel (Dichtmilch oder Tubeless-Milch genannt) luftdicht gemacht wird. Folgendes müssen Sie wissen, um einen schlauchlosen Reifen zu montieren.

Was brauchen Sie?

- Tubeless-Ventil
- Obus-Ventilkernentferner
- Dichtungsmittel
- Reifenheber-Set
- Standpumpe

Was Sie noch brauchen könnten

- spezielles Tubeless-Felgenband
- Seifenwasser
- spezielle Tubeless-Pumpe oder Kompressor

Bevor Sie anfangen

- Vergewissern Sie sich, dass Ihre Reifen und Felgen tubeless-kompatibel sind.
- Nehmen Sie das Laufrad ab.
- Demontieren Sie den Reifen und entfernen Sie den Schlauch (siehe S. 128).

1

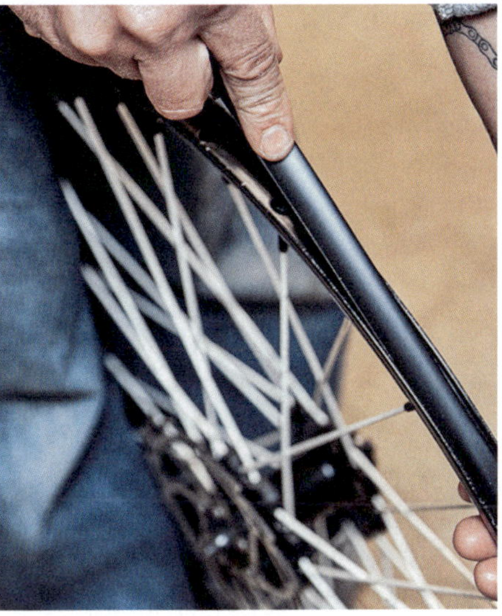

Wenn Ihre Felgen »tubeless ready«- oder UST(Universal Standard for Tubeless)-zertifiziert sind, ist es normalerweise nicht nötig, das Felgenband zu wechseln. Wenn es jedoch beschädigt ist oder nicht mehr perfekt am Felgenboden anliegt, müssen Sie ein neues, speziell für Tubeless-Reifen geeignetes Felgenband einsetzen. Um eine perfekte Abdichtung zu gewährleisten, muss die Breite des Felgenbands der Innenbreite der Felgen entsprechen. Im Zweifelsfall lesen Sie bitte in der Dokumentation der Laufräder nach.

△ Reinigen Sie das Felgenbett gründlich, damit keine Verschmutzungen die Dichtigkeit des Reifens beeinträchtigen.

2

Setzen Sie das Tubeless-Ventil ein. Drücken Sie es mit dem Daumen fest, damit es sich perfekt mit der Felge verbindet (A), und schrauben Sie die Ventilmutter fest (B).

3

Montieren Sie den Reifen auf die Felge und beachten Sie dabei die Laufrichtung. Um eine bessere Haftung zwischen Reifen und Felge zu gewährleisten, sitzen Tubeless-Reifen oft fester auf der Felge und sind daher schwerer zu montieren als herkömmliche Reifen. Walken Sie dann den Reifen mit den Händen gut durch, bis er fest in der tiefsten Stelle der Felge sitzt.

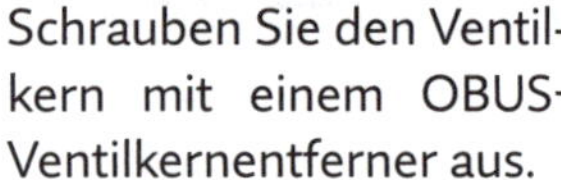

4

Schrauben Sie den Ventilkern mit einem OBUS-Ventilkernentferner aus.

5

Verwenden Sie eine spezielle Tubeless-Pumpe oder einen Kompressor, um die Reifen aufzupumpen, bis Sie das charakteristische Knacken hören, das anzeigt, dass der Reifen sicher in der Felge sitzt.

☺ Es ist möglich, Tubeless-Reifen mit einer einfachen Standpumpe und mit viel Kraft in die Felge zu drücken, aber das hängt stark von der Marke und dem Modell Ihrer Reifen ab.

👍 Eine andere Methode besteht darin, die Dichtmilch bereits vor der Reifenmontage einzufüllen, aber diese Technik ist ziemlich schwierig zu beherrschen und verzeiht keine Fehler.

6

Ziehen Sie mit einer Injektionsspritze für Dichtungsmittel die auf der Verpackung angegebene Menge Dichtmilch auf und spritzen Sie sie durch das Ventil in den Reifen.

👍 Schütteln Sie die Flasche mit dem Dichtungsmittel vor Gebrauch kräftig durch.

☺ Bei der Erstmontage eines Tubeless-Reifens empfehlen wir Ihnen, eine größere Menge des Produkts zu verwenden, als angegeben ist, da einige neue Reifen poröser sind als andere.

7

Schrauben Sie den Ventilkern wieder ein. Pumpen Sie den Reifen auf den gewünschten Druck auf und bewegen Sie ihn hin und her, damit die Dichtmilch gleichmäßig im Inneren des Reifens verteilt wird.

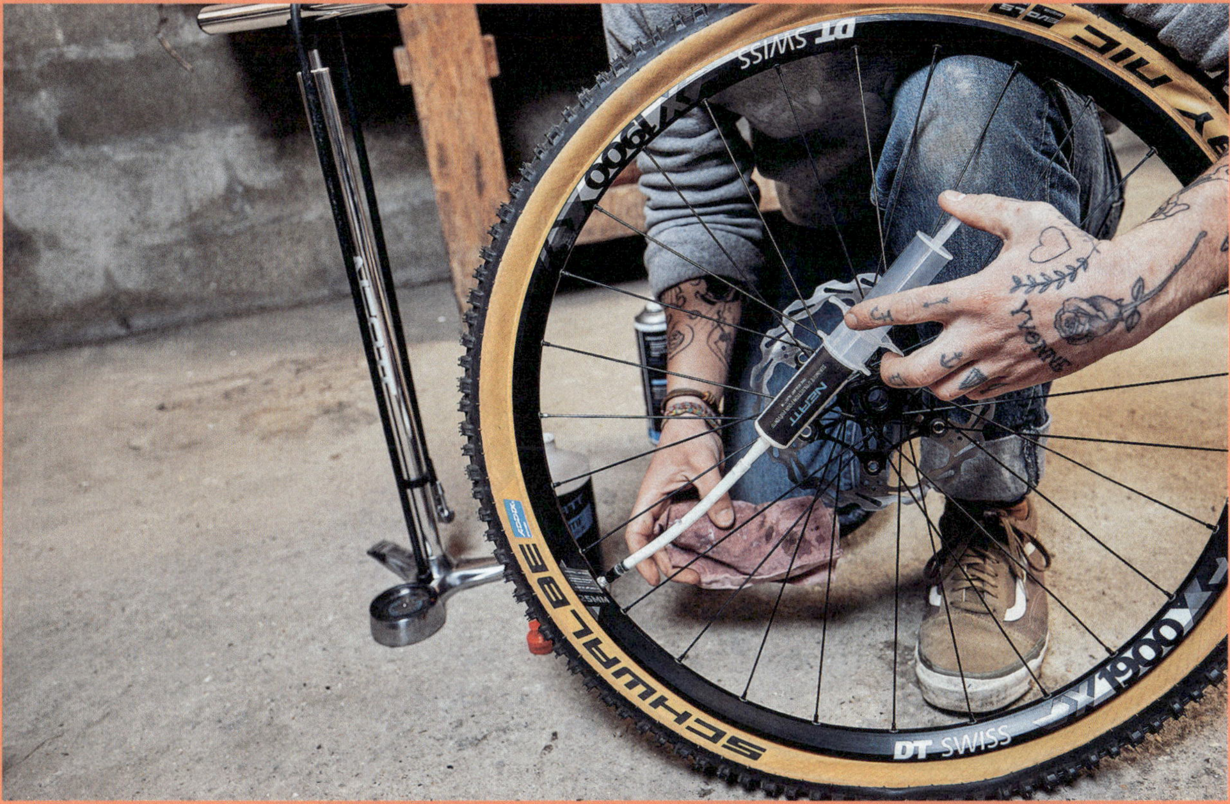
DT SWISS
SCHWALBE
DT SWISS

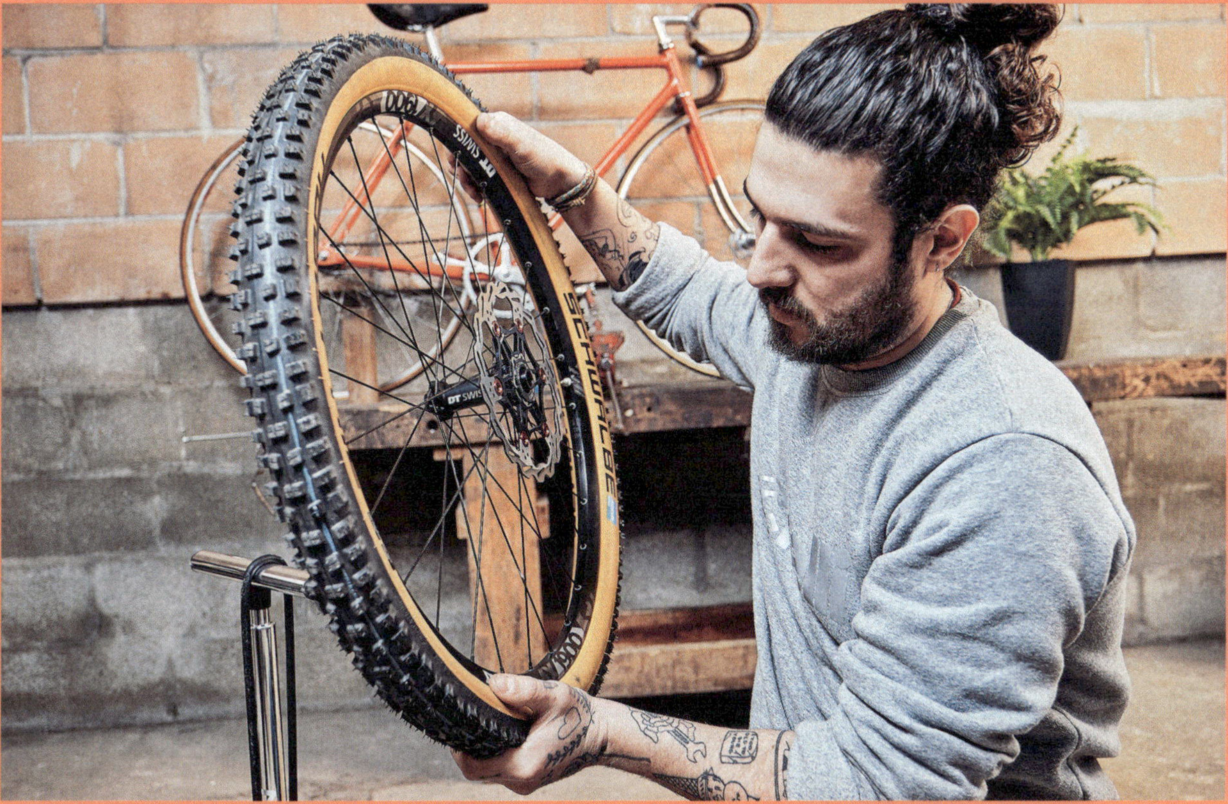
DT SWISS

Lenkerband wechseln

Schwierigkeit: .... mittel
Zeitaufwand: .... 20 bis 30 Minuten

Das Lenkerband ist ein flexibles Band, das am Lenker angebracht wird und den Händen Komfort bietet. Mit der Zeit und manchmal auch nach Stürzen wird das Lenkerband beschädigt und muss dann erneuert werden.

Was brauchen Sie?

- neues Lenkerband
- Schere

Bevor Sie anfangen

- Entfernen Sie die Lenkerendstopfen.
- Entfernen Sie das alte Lenkerband.

Was Sie noch brauchen könnten

- Klebeband
- Nagellackentferner
- Tuch

☺ Einige Radfahrer haben gerne eine dickes Lenkerband. Sie fügen dann unter dem neuen ein zusätzliches Lenkerband hinzu.

1

Entfetten Sie den Lenker und entfernen Sie mit einem Tuch und etwas Nagellackentferner die letzten Klebstoffreste, damit das neue Lenkerband perfekt haftet.

2

Klappen Sie die Hebelabdeckung zurück Ⓐ. Nehmen Sie das kleine Bandstück, das mit dem Lenkerband mitgeliefert ist. Kleben Sie das Band so auf den Lenker, dass es den Klemmring des Bremshebels bedeckt Ⓑ.

3

Nehmen Sie eine Rolle Lenkerband. Entfernen Sie die Schutzfolie von der Klebeschicht. Beginnen Sie am äußeren Ende des Lenkers und kleben Sie das Lenkerband an. Lassen Sie am Ende der Lenkstange etwa 1 cm überstehen.

△ Für lange Lebensdauer und optimalen Komfort sollten Sie das Lenkerband von außen nach innen anbringen.

4

Wickeln Sie das Lenkerband mit leichter Spannung um den Bügel, damit es gut haftet, und drehen Sie es dabei von außen nach innen, d. h. auf der rechten Seite des Lenkers gegen den Uhrzeigersinn, und auf der linken Seite im Uhrzeigersinn. Überlappen Sie bei jeder Umdrehung gleichmäßig 2 bis 3 mm Lenkerband. Ziehen Sie jedoch nicht zu fest, damit das Band nicht reißt.

5

Wenn Sie das Band um den Bremsgriff herumwickeln, halten Sie sich unterhalb des Griffs fest Ⓒ.

Ziehen Sie das Lenkerband V-förmig um den Lenkbügel und führen Sie es dann über den Bremshebel Ⓓ. Das Stück Band, das in Schritt 2 angebracht wurde, füllt die Lücken aus.

6

Wenn Sie oben angekommen sind, schneiden Sie das Lenkerband schräg ab, um einen geraden Abschluss zu bekommen.

7

Um zu verhindern, dass sich das Band löst, wickeln Sie ein Stück Klebeband um das Ende.

8

Bringen Sie die Lenkerstopfen so an, dass der Überstand an Lenkerband festgeklemmt wird. Klappen Sie die Hebelabdeckungen wieder zurück.

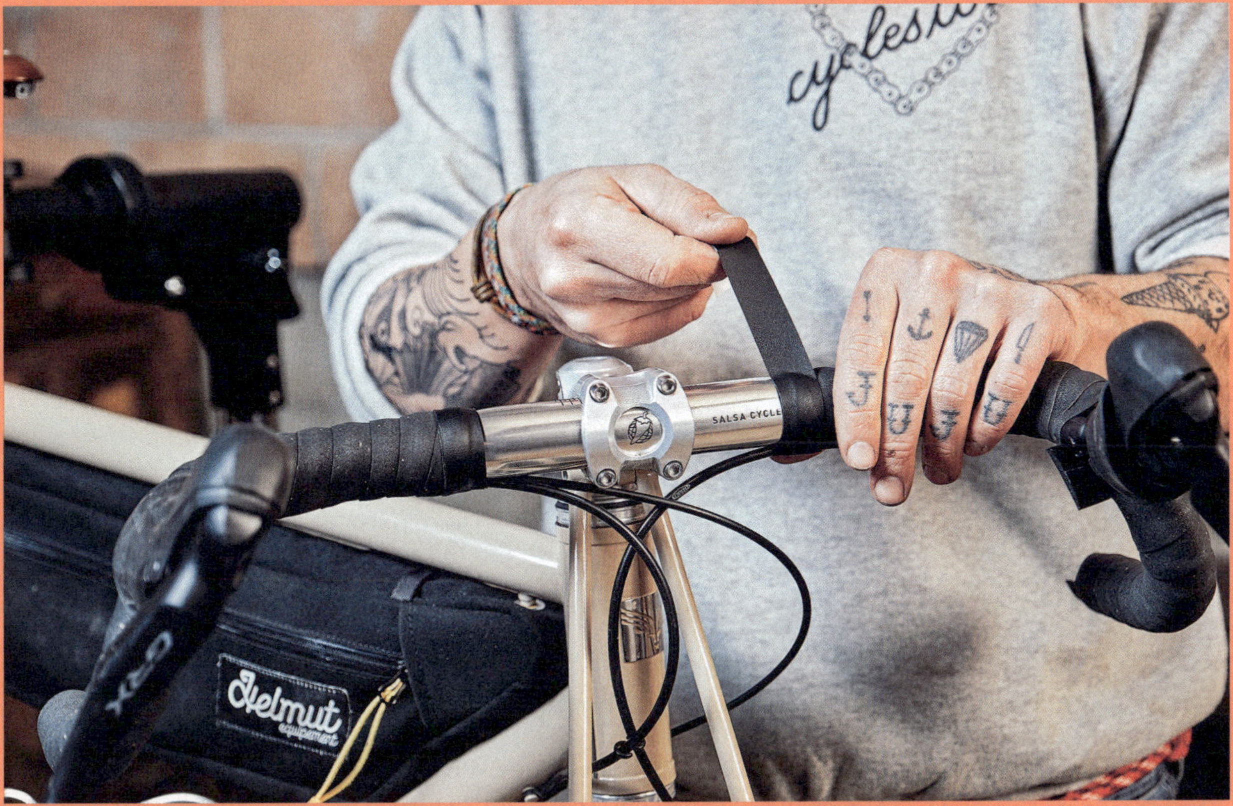
cyclestory
SALSA CYCLE
GRX
Helmut
equipement

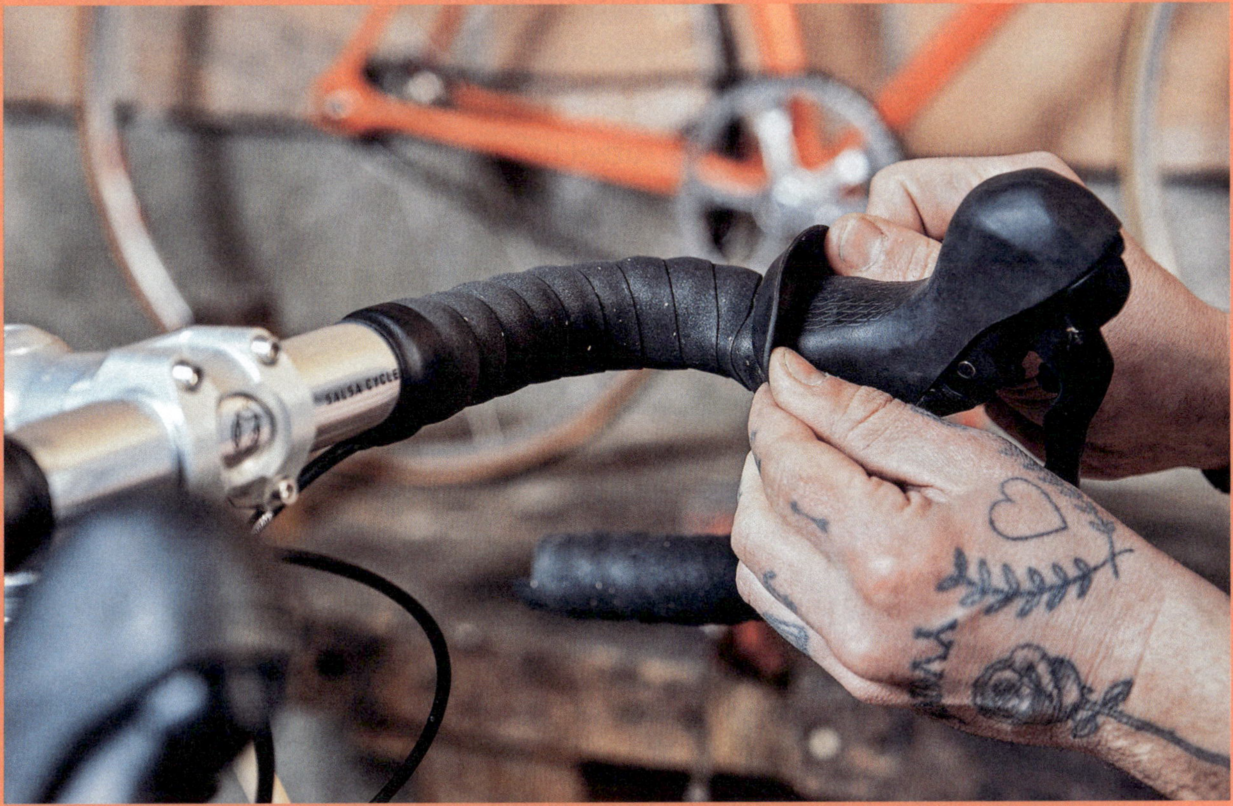
SALSA CYCLE

Fahrradkette austauschen

Schwierigkeit: .... schwierig
Zeitaufwand: .... 10 Minuten

Das Ersetzen der Fahrradkette ist eine Wartungsmaßnahme, die oft vernachlässigt wird. Die Kette muss jedoch fast genauso oft gewechselt werden wie die Reifen, wenn Sie einen guten Wirkungsgrad Ihrer Antriebseinheit erhalten wollen. Außerdem kann eine abgenutzte Kette Ritzel und Kettenblatt vorzeitig verschleißen.

Was brauchen Sie?

- neue, für Ihr Fahrrad passende Kette
- Kettennietendrücker
- Zange

Was Sie noch brauchen könnten

- Kettenschloss
- Kettenschlosszange

Bevor Sie anfangen

- Reinigen Sie die Antriebseinheit (siehe S. 70).
- Legen Sie die Kette auf das kleine Kettenblatt und das kleinste Ritzel.
- Entfernen Sie die alte Kette.

1

2

Legen Sie die neue Kette auf das kleine Kettenblatt und das kleinste Ritzel. Führen Sie die neue Kette zwischen den beiden Rollen des Schaltwerkskäfigs durch.

- Manche Ketten haben eine Montagerichtung. Das trifft vor allem für Shimano-Ketten zu. Beachten Sie die Bedienungsanleitung des Herstellers.
- Der Umwerferkäfig ist in der Regel mit einem Stift ausgestattet. Die Kette muss oberhalb dieses Stifts verlaufen, da sie sonst beim Treten daran reibt.

Sie können die richtige Länge der Kette ermitteln, indem Sie einfach die Länge Ihrer alten Kette auf die neue übertragen oder die richtige Kettenlänge direkt am Fahrrad messen. Dazu müssen Sie an den beiden Enden der Kette ziehen (A), um den Umwerfer unter Spannung zu setzen. Die Spannung des Umwerfers ist gut eingestellt, wenn die Kette etwa 1 bis 1,5 cm von der ersten Schaltrolle entfernt ist (B). Die Spannung kann etwas höher sein, wenn Ihr Fahrrad ein Mono-Kettenblatt hat. Markieren Sie die Kettenglieder, die Sie entfernen müssen.

3

Spannen Sie die Kette in den Nietendrücker ein und drücken Sie den Kettengliedbolzen heraus, um den überschüssigen Kettenteil zu entfernen. Ein Kettenglied besteht aus einem weiblichen (inneren) und einem männlichen (äußeren) Teil. Bei einer Montage mit einem Nietendrücker muss ein weibliches auf ein männliches Kettenglied treffen. Bei einer Montage mit einem Quick Link-Kettenschloss muss auf beiden Seiten ein männliches Kettenglied vorhanden sein.

4

Legen Sie die Kette in den Nietendrücker und richten Sie die Achse des männlichen Kettenglieds mit der Achse des weiblichen Kettenglieds aus. Drücken Sie den Niet fest in das Kettenglied, bis er mit der Außenseite des Kettenglieds fast bündig ist. Entfernen Sie das überstehende Ende, falls Sie einen Montageniet verwendet haben (C).

5

Für die Montage mit Kettenschloss: Platzieren Sie eine der Platten des Schlosses auf der Innen-, die andere auf der Außenseite der Kette. Verbinden Sie beide Enden des Kettenschlosses miteinander. Ziehen Sie das Schloss mit der Kettenschlosszange auseinander (D). Wenn Sie keine Zange haben, platzieren Sie das Kettenschloss oben und treten Sie kräftig ins Pedal.

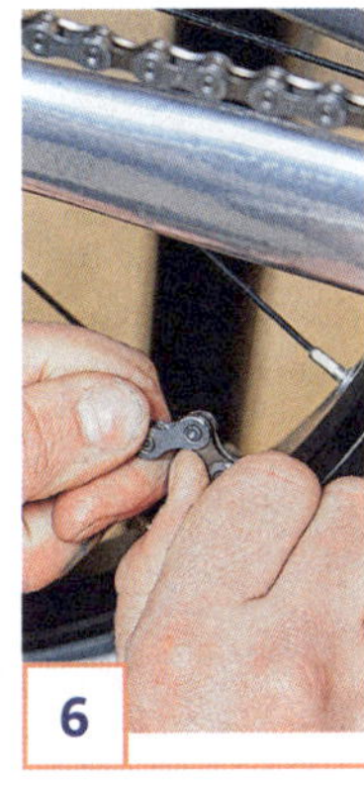
6

Bewegen Sie das Kettenglied an der Verbindungsstelle mit der Hand, bis es gängig ist.

Kassette wechseln

Schwierigkeit: .... leicht
Zeitaufwand: .... 10 bis 15 Minuten

Ein Wechsel der Fahrradkassette ist nicht sehr kompliziert, erfordert aber eine bestimmte Ausrüstung. Stellen Sie sicher, dass die Größe der neuen Kassette zu Ihrem Schaltwerk passt.

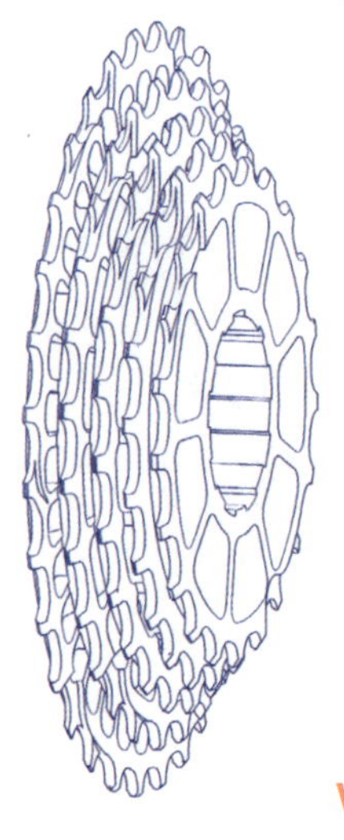

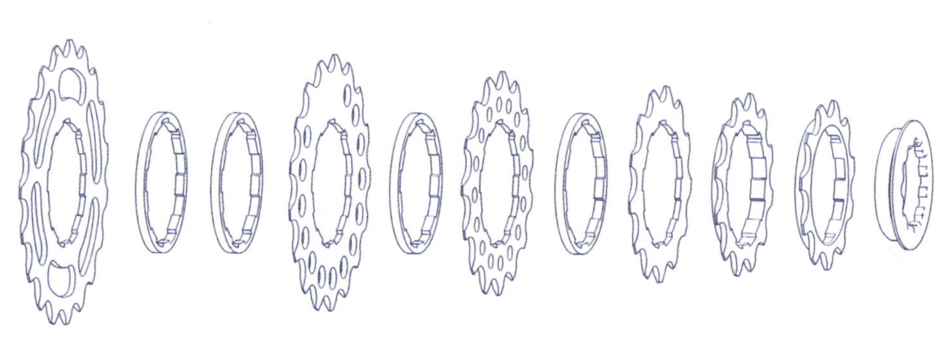

Was brauchen Sie?

- neue Kassette
- Kettenpeitsche
- Kassettenabzieher
- Gabelschlüssel
- Montagefett

Bevor Sie anfangen

- Bauen Sie das hintere Laufrad aus.
- Entfernen Sie den Schnellspanner

1

Um die Kassette zu entfernen, setzen Sie die Kettenpeitsche so an der Kassette an, dass sie die Drehung der Kassette blockiert (A). Platzieren Sie den Kassettenabzieher in der Achse der Kassette (B).

👍 Es gibt diverse Arten von Kassettenabziehern. Kontrollieren sie, ob das Modell zu Ihrer Kassette passt.

2

Setzen Sie den Gabelschlüssel am Kassettenabzieher an (C). Schrauben Sie die Kassette auf, indem Sie Gabelschlüssel und Kettenpeitsche in entgegengesetzte Richtungen drücken (B).

3

Entfernen Sie die Kassette.

👍 Nutzen Sie die Gelegenheit, um den Kassettenkörper zu reinigen.

4

Setzen Sie die neue Kassette auf den Freilaufkörper

△ Je nach Modell sind die Ritzel entweder fest miteinander verbunden oder bestehen aus mehreren Teilen, die durch Distanzringe voneinander getrennt sind. Achten Sie in diesem Fall auf die richtige Reihenfolge!

👍 Sie können gegebenenfalls den Kassettenkörper mit Montagefett schmieren.

5

Schrauben Sie schließlich mit Hilfe des Kassettenabziehers und des Maulschlüssels die Kontermutter fest.

Freilauf austauschen

Schwierigkeit: .... leicht
Zeitaufwand: .... 10 bis 15 Minuten

Anders als bei Kassetten ist der Freilaufmechanismus direkt im Rad integriert. Die Montage und Demontage eines Freilaufs und einer Kassette unterscheiden sich daher etwas. Freiläufe sind in der Regel eher bei älteren Fahrrädern zu finden.

Was brauchen Sie?

- neuen Freilauf
- Freilaufschlüssel
- Schraubstock
- Maulschlüssel
- Kettenpeitsche
- Montagefett

Bevor Sie anfangen

- Bauen Sie das Hinterrad aus.
- Entfernen Sie den Schnellspanner.

1

Um den Freilauf zu demontieren, spannen Sie einen Freilaufschlüssel in einen Schraubstock (sofern Sie einen besitzen), setzen den Freilauf auf den Freilaufschlüssel und drehen ihn gegen den Uhrzeigersinn.

2

Ohne Schraubstock setzen Sie den Freilaufschlüssel an (A) und schrauben den Freilauf mit einem Gabelschlüssel auf.

Bevor Sie den neuen Freilauf montieren, sollten Sie das Gewinde mit Montagefett schmieren..

3

Schrauben Sie den Freilauf mit der Hand auf. Ziehen Sie ihn mit einer Kettenpeitsche fest.

Felgenbremsbeläge wechseln

Schwierigkeit: .... leicht
Zeitaufwand: .... 5 bis 10 Minuten pro Bremse

Ihre Bremsbeläge bestehen aus Gummi, der sich beim Bremsen abnutzt. Es ist notwendig, sie zu ersetzen, bevor die Gummischicht zu dünn ist.

Was brauchen Sie?

- Satz neue Bremsbeläge
- Inbusschlüssel

1

Wenn Sie wissen wollen, ob Sie Ihre Bremsbeläge wechseln müssen, prüfen Sie die Riffelung, die bei den meisten Modellen vorhanden sind. Wenn sie kaum oder gar nicht mehr sichtbar sind, ist es Zeit, die Beläge zu erneuern. Stellen Sie den Entspannhebel in die geschlossene Position.

2

Drehen Sie die Befestigungsschraube des Bremsbelags mit einem 3 mm-Inbusschlüssel heraus und entfernen Sie den Bremsbelag.

☺ Nutzen Sie die Gelegenheit, um den Bremssattel mit einem speziellen Bremsenreiniger zu säubern.

👍 Bei einigen Bremsbelag-Modellen kann nur der Gummi ausgetauscht werden.

3

Die Montagerichtung der Bremsbeläge wird durch einen Pfeil angegeben, der zur Vorderseite des Fahrrads zeigt, oder durch die Buchstaben R und L für rechts und links (A).

4

Montieren Sie die Ersatzbeläge auf dem Bremsarm. Richten Sie die Bremsbeläge auf der Felge aus und ziehen Sie sie dann fest. Die Bremsbeläge müssen parallel zur Felge verlaufen und in der Mitte der Felgenflanke zu liegen kommen. Nach dem Einbau der Beläge kann es nötig sein, die Bremsen neu einzustellen (siehe S. 84).

Scheiben-bremsbeläge wechseln

Schwierigkeit: .... leicht
Zeitaufwand: .... 5 bis 10 Minuten pro Bremse

Mit der Zeit und durch wiederholtes Bremsen nutzen sich die Scheibenbremsbeläge ab. Es ist wichtig, den Verschleiß zu beobachten und sie zu ersetzen, bevor sie völlig abgenutzt sind, da sonst die Scheiben beschädigt werden können.

Was brauchen Sie?

- Satz neue Scheibenbremsbeläge
- Inbusschlüssel

Was Sie noch brauchen könnten

- Bremsbelagspreizer
- Bremsenreiniger

Bevor Sie anfangen

- Bauen Sie die Laufräder aus.
- Stellen Sie das Fahrrad auf einen Montageständer.

1

Scheibenbremsbeläge sind abgenutzt, wenn sie nur noch eine Stärke von unter 1 mm haben oder die Bremsfeder die Scheibe berührt. Verwenden Sie einen Bremsbelagspreizer um die Beläge so weit wie möglich auseinanderzuziehen und entfernen Sie dann den Sicherungsstift an der Schraube, die die Bremsbeläge hält.

2

Drehen Sie die Halteschraube mit dem 3-mm-Inbusschlüssel ab.

3

Entfernen Sie sowohl die Beläge rechts und links als auch die Bremsfeder. Prüfen Sie, wie die Einheit zusammengebaut ist, um sie wieder zusammensetzen zu können.

☺ Säubern Sie den Bremssattel mit einem speziellen Bremsreiniger.

4

Bauen Sie die neuen Bremsbeläge und die Bremsfeder ein. Es gibt viele verschiedene Modelle und Standards von Bremsbelägen. Auf einigen Belägen und manchmal auch auf der Feder ist die Laufrichtung durch die Buchstaben L und R für links und rechts angegeben. Lesen Sie also die Gebrauchsanweisung! Bringen Sie schließlich die Halteschraube und den Sicherungsstift wieder an. Montieren Sie das Laufrad wieder und prüfen Sie, ob die Bremsen richtig funktionieren.

△ Nach der Montage der neuen Bremsbeläge sollten Sie das System einfahren, indem Sie mehrmals nacheinander sanft bremsen – insgesamt sollten es etwa 50 Bremsungen bei mittlerer Geschwindigkeit sein. Lassen Sie den Belägen und Scheiben zwischen den Bremsungen Zeit zum Abkühlen.

☺ Es gibt Bremsbeläge aus verschiedene Materialien, die Sie je nach Nutzungsbereich auswählen sollten. Organische Bremsbeläge z. B. zeigen ab den ersten Radumdrehungen eine hohe Bremskraft. Sie sind am weitesten verbreitet, verschleißen aber schneller als Metall- oder Keramikbeläge, die erst warmgefahren werden müssen, bevor sie ihre volle Wirkung entfalten können.

Reifen abmontieren und Schlauch entfernen

Schwierigkeit: .... leicht
Zeitaufwand: .... 5 bis 10 Minuten

Auch wenn der Reifenwechsel relativ einfach ist, müssen Sie ihn perfekt beherrschen, da es passieren kann, dass sie einen Reifen infolge einer Reifenpanne mitten auf der Straße abmontieren müssen ...

Was brauchen Sie?

- Reifenheber-Set

Bevor Sie anfangen

- Bauen Sie das Laufrad aus.
- Lassen Sie die Luft aus dem Reifen.
- Entfernen Sie – soweit vorhanden – die Ventilkappe.

Halten Sie den Reifen mit einer Hand fest (A) und schieben Sie den ersten Reifenheber zwischen Felge und Reifenwulst (B). Schieben Sie einige Zentimeter von dem ersten entfernt einen zweiten Reifenheber zwischen Felge und Reifenwulst (C).

Hebeln Sie den Reifen mit den Reifenhebern von der Felge. Hängen Sie einen Reifenheber an einer Speiche ein (D), damit er an dieser Position bleibt. Schieben Sie den zweiten Reifenheber der Felge entlang (E). Fahren Sie einmal um die ganze Felge herum.

Wenn Ihre Reifenheber keinen Haken haben, halten Sie den ersten Reifenheber mit der einen Hand, während Sie den zweiten mit der anderen weiterschieben.

Wenn der Reifen auf einer Seite aus der Felge entnommen ist, können Sie den Schlauch herausnehmen. Beginnen Sie gegenüber dem Ventil.

Um den Reifen komplett zu demontieren, schieben Sie einen Reifenheber unter den innerhalb der Felge befindlichen Wulst. Jetzt sollten Sie den Reifen leicht abziehen können.

Nutzen Sie die Gelegenheit, um den Zustand des Reifens und des Felgenbands zu überprüfen.

Fahrradschlauch wechseln

Schwierigkeit: .... leicht
Zeitaufwand: .... 5 bis 10 Minuten

Die schnellste und einfachste Lösung, einen platten Reifen zu reparieren, ist es, einen kaputten Schlauch zu ersetzen. Achten Sie aber darauf, dass sich keine scharfen Splitter (Glas, spitzer Stein, Nagel …) im Inneren des Reifens befinden, bevor Sie einen neuen Schlauch aufziehen. Wenn Sie die Stelle ausfindig machen, an der der Reifen ein Loch hat, können Sie vielleicht der Ursache auf die Spur kommen.

Was brauchen Sie?

- neuen Schlauch, passend zur Größe Ihrer Reifen (siehe S. 29)
- Luftpumpe

Was Sie noch brauchen könnten

- Satz Reifenheber

Bevor Sie anfangen

- Bauen Sie das Laufrad aus.
- Demontieren Sie den Reifen.
- Prüfen Sie den Zustand des Reifens (siehe S. 104).
- Prüfen Sie den Zustand des Felgenbands.
- Entfernen Sie – soweit vorhanden – die Ventilkappe.

1

Stülpen Sie den Mantel mit einer Seite über die Felge (A). Dies sollte leicht gehen, wenn Sie aber Probleme haben, wenden Sie die gleiche Methode an wie beim Aufziehen der zweiten Seite des Reifens (siehe Schritt 3). Pumpen Sie den Schlauch leicht auf, um die Montage zu erleichtern und um zu verhindern, dass er bei der Montage zwischen Mantel und Felge eingeklemmt wird.

☺ Beginnen Sie mit der Stelle, an der sich das Ventil befindet, und achten Sie darauf, dass es sich währen der Montage nicht verkantet.

2

Legen Sie den Schlauch in den Mantel ein. Achten Sie immer darauf, dass das Ventil gerade ist. Schieben Sie Ihre Finger in das Reifeninnere, damit der Schlauch leichter in den Hohlraum zwischen Mantel und Felgenbett rutscht.

3

Ziehen Sie nun mit beiden Händen die zweite Reifenseite auf die Felge. Beginnen Sie auf der Seite des Ventils und arbeiten Sie sich von dort aus zur gegenüberliegenden Seite vor (B). Möglicherweise lassen sich die letzten Zentimeter schwer aufziehen. Drücken Sie den Mantel mit Daumen und Handflächen in Position (C). Danach walken Sie den Reifen, um sicherzugehen, dass er ganz tief in der Felge sitzt.

△ Vorsicht mit dem Reifenheber! Achten Sie darauf, den Schlauch nicht unter dem Reifendraht einzuklemmen.

4

Schlauch und Mantel sind an ihrem Platz. Vergewissern Sie sich, dass der Mantel den Schlauch nicht einklemmt. Sie können den Reifen nun wieder aufpumpen.

Pedale montieren

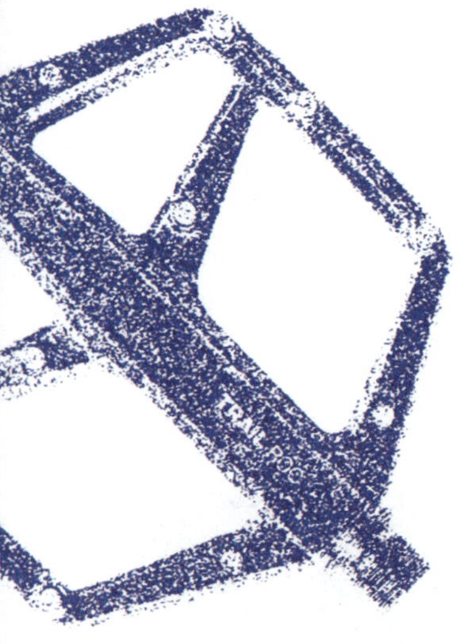

Schwierigkeit: .... leicht
Zeitaufwand: .... 10 bis 15 Minuten

Ob Sie neue Pedale anbringen, Ihr Fahrrad leichter transportieren oder ein beschädigtes Pedal ersetzen wollen: Sie müssen wissen, wie Sie Pedale montieren und demontieren.

Was brauchen Sie?

- neue Pedale
- Fahrrad-Pedalschlüssel (15er-Flachschlüssel, 6er- oder 8er-Inbusschlüssel, je nach Modell)

Was Sie noch brauchen könnten

- Montagefett

Bevor Sie anfangen

- Reinigen und entfetten Sie das Kurbelgewinde.

1

Fetten Sie das Gewinde des Pedals mit Montagefett ein, um knackende Geräusche zu vermeiden und um zu verhindern, dass es sich mit der Zeit festfrisst.

2

Es gibt immer ein rechtes und ein linkes Pedal. Halten Sie sich an die Angaben des Herstellers. Oft stehen die Buchstaben R und L für rechts und links.

3

Schrauben Sie das rechte Pedal wie im Bild gezeigt im Uhrzeigersinn an. Ziehen Sie es mit einem Fahrrad-Pedalschlüssel fest.

☺ Um das Einschrauben des Pedals zu beschleunigen, können Sie, wenn das Gewinde in der Kurbel sitzt, das Tretlager in die entgegengesetzte Richtung drehen, während Sie die Pedalachse festhalten.

4

Das linke Pedal hat ein Linksgewinde. Schrauben Sie es gegen den Uhrzeigersinn an. Ziehen Sie es mit einem Fahrrad-Pedalschlüssel fest.

Fahrradschlauch flicken

Schwierigkeit: .... leicht
Zeitaufwand: .... 10 bis 15 Minuten

Nach jeder Reifenpanne den Schlauch zu erneuern kann schnell teuer werden. Glücklicherweise kann man durchlöcherte Schläuche in den meisten Fällen mit den bewährten Fahrradflicken reparieren. Es gibt sie in unterschiedlichen Größen und Ausführungen.

Was brauchen Sie?

- Schlauchreparaturset mit Metallreibe, Flickenkleber, Flicken (Patch)
- weißer Stift

Was Sie noch brauchen könnten

- Seifenlauge
- Wasserschüssel

Bevor Sie anfangen

- Demontieren Sie den Schlauch (siehe S. 128)

1

Die undichte Stelle suchen: Pumpen Sie den Schlauch auf und horchen Sie Ⓐ. Mit etwas Glück hören Sie das Zischen der Luft, die aus dem Schlauch entweicht.

Wenn Sie nicht fündig werden, reiben Sie den Schlauch mit Seifenwasser ab Ⓑ. Die entweichende Luft bildet sofort kleine Seifenblasen auf der Oberfläche des Reifens.

Bei einem »Schleicher« entdecken Sie die undichte Stelle möglicherweise immer noch nicht. In diesem Fall tauchen Sie den Schlauch in eine Schüssel mit Wasser Ⓒ. Sie sehen, wie die Luftblasen an der Stelle des Lochs entweichen.

2

Reinigen, entfetten und trocknen Sie den Schlauch an der undichten Stelle. Markieren Sie mit einem Stift einen Bereich von 2 bis 3 cm Durchmesser um die undichte Stelle Ⓓ.

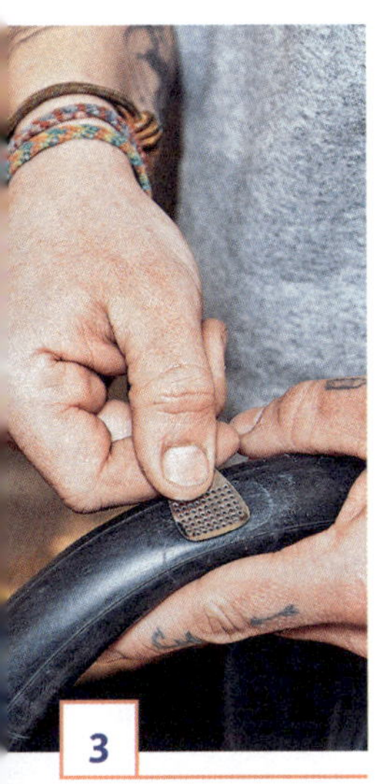

3

Rauen Sie die Oberfläche in diesem Bereich mit der im Reparaturset enthaltenen Raspel etwas an, damit der Kleber besser haftet.

4

Streichen Sie den Kleber auf die Reparaturfläche und lassen Sie ihn je nach Klebstoffmarke einige Sekunden oder Minuten antrocknen.

☺ Es gibt auch selbsthaftenden Flicken, die ohne Kleber verarbeitet werden können..

5

Ziehen Sie den Alu-Schutzfilm vom Flicken ab und bringen Sie ihn im Reparaturbereich an. Drücken Sie etwa eine Minute lang fest mit dem Daumen auf den Flicken. Ihr Schlauch ist repariert!

Tubeless-Docht anbringen

Schwierigkeit: .... leicht
Zeitaufwand: .... 5 bis 10 Minuten

Die Tubeless-Technologie ermöglicht zwar eine automatische und fast nahtlose Reparatur von Reifenschäden, wirkt aber nicht bei größeren Schäden. Ein großes Loch, das die Dichtflüssigkeit nicht schließen kann, muss mit einem sogenannten Docht abgedichtet werden.

Was brauchen Sie?

- Tubeless-Reparaturset mit Dochthalter, Feile, Kleber und Docht
- Luftpumpe
- Schere oder Teppichmesser

Was Sie noch brauchen könnten

- Dichtflüssigkeit

Bevor Sie anfangen

- Nehmen Sie das Laufrad ab.

1

Lokalisieren Sie die schadhafte Stelle durch die austretende Dichtmilch. Entfernen Sie Scherben, Splitter und andere Fremdkörper, die sich darin befinden könnten. Rauen Sie das Loch mit einer Feile an, damit der Docht gut am Reifen haftet.

2

Setzen Sie den Docht auf den Dochthalter.

3

Drücken sie den Docht mit dem Dochthalter – wenn nötig mit etwas Kraft - etwa 1 cm tief in das Loch.

4

Ziehen Sie den Dochthalter ab. Der Docht muss jetzt von selbst im Reifen bleiben. Zur Erleichterung können Sie den Dochthalter beim Herausziehen drehen.

5

Pumpen Sie den Reifen auf. Vergewissern Sie sich, dass die reparierte Stelle nicht undicht ist und schneiden Sie den überschüssigen Docht ab. Lassen Sie dabei einige Millimeter überstehen.

Schaltungsauge wechseln

Schwierigkeit: .... leicht
Zeitaufwand: .... 10 Minuten

Das Schaltungsauge ist ein Teil, das sich bei manchen Rädern zwischen dem Rahmen und dem Schaltwerk befindet und dessen Aufgabe es ist, bei einem Sturz oder Aufprall nachzugeben und so den Rahmen und das Schaltwerk zu schützen. Wenn das Schaltungsauge gebrochen oder zu stark verbogen ist, um gerichtet zu werden, müssen Sie es ersetzen.

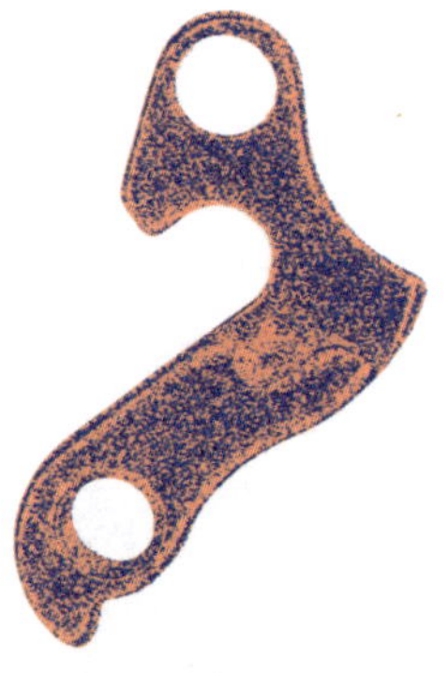

Was brauchen Sie?

- neues, zum Rahmen passendes Schaltauge
- Satz Inbusschlüssel

Was Sie noch brauchen könnten

- Fettlöser
- Montagefett

Bevor Sie anfangen

- Bauen Sie das Hinterrad aus.

1

Entfernen Sie das Schaltwerk unter Zuhilfenahme eines 5er-Inbusschlüssels.

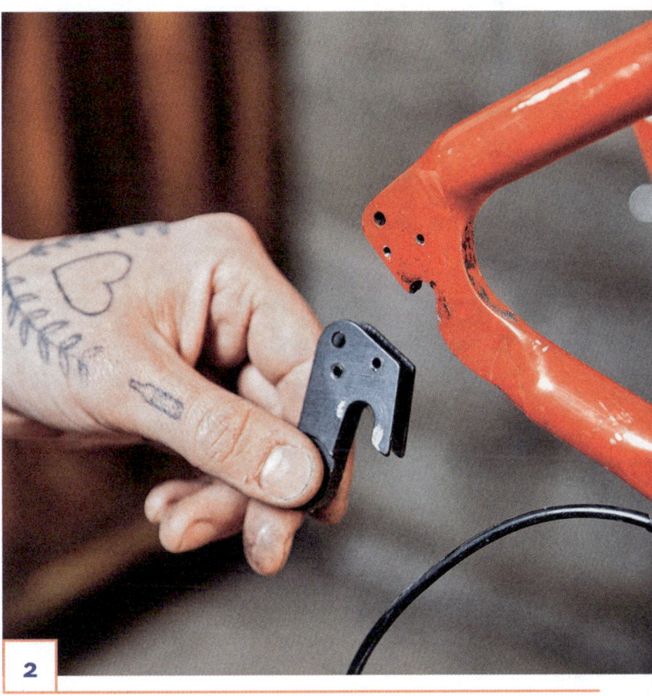

2

Schrauben Sie das Schaltungsauge mit einem geeigneten Schlüssel ab.

3

Schrauben Sie das neue Schaltungsauge ein.

Es gibt keine Standard-Schaltaugen. Wenden Sie sich an Ihren Händler oder direkt an den Hersteller Ihres Rahmens, um ein neues Schaltauge zu bestellen.

4

Montieren Sie das Schaltwerk auf das Schaltungsauge.

Gebrochenes Kettenglied entfernen

Schwierigkeit: .... mittel
Zeitaufwand: .... 10 Minuten

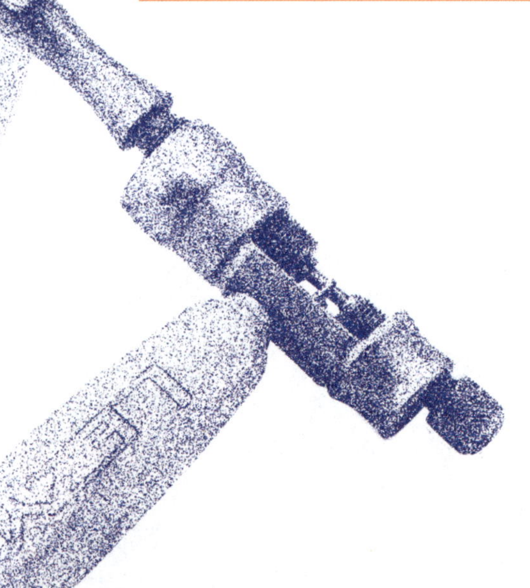

Mit zunehmender Abnutzung kann ein Kettenglied sich öffnen oder sogar brechen. Ein zerbrochenes Kettenglied muss entfernt werden, bis die Kette durch eine neue ersetzt werden kann.

Was brauchen sie?

- Kettennietendrücker oder -zange

Was Sie noch brauchen könnten

- Schnellspanner
- Fahrradkettenzange

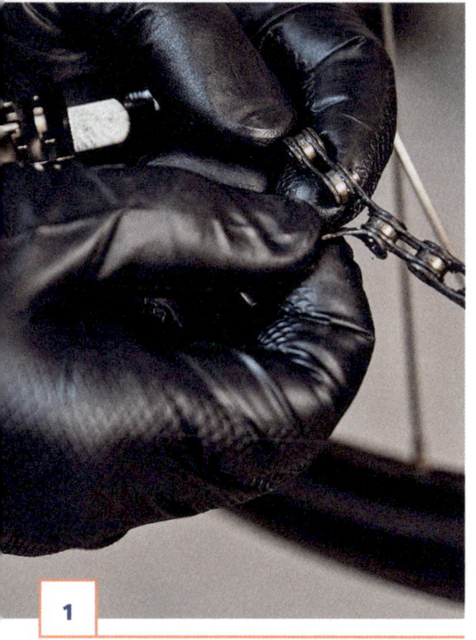

1

Suchen Sie das defekte Kettenglied. Ein Kettenglied besteht aus einem weiblichen (inneren) und einem männlichen (äußeren) Teil. Wenn eine Kette reißt, hat sich sehr oft eine Außenlasche aus der Achse gelöst.

2

Entfernen Sie mithilfe des Nietendrückers den betroffenen Niet, um die beschädigte Außenlasche vollständig zu lösen.

3

Lösen Sie auf die gleiche Weise die Innenlasche und achten Sie darauf, den Nietstift nicht vollständig zu entfernen. Er sollte auf der Außenlasche des benachbarten Kettenglieds sitzen bleiben.

4

Verbinden Sie die beiden Kettenenden und verwenden Sie den Kettennieter, um den Nietstift wieder in Position zu bringen.

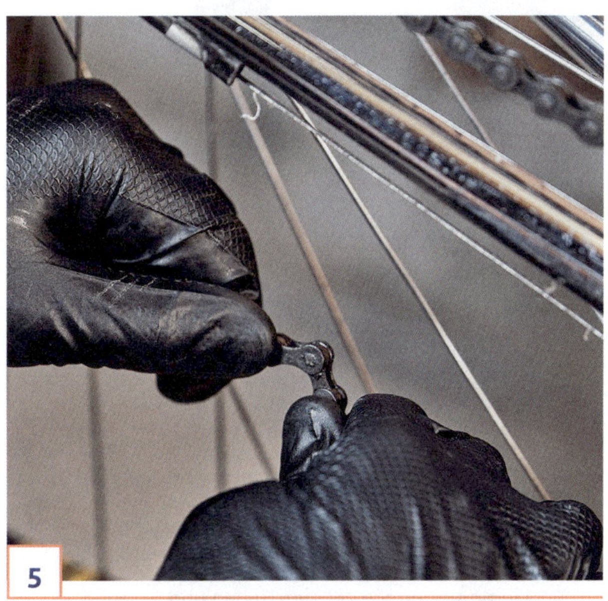

5

Bewegen Sie das Kettenglied mit den Fingern hin und her, um es leichtgängig zu machen.

△ Ihre Kette ist jetzt zwar repariert, aber um ein Glied kürzer. Achten Sie darauf, dass sie nicht zu kurz geworden ist!

Laufrad zentrieren

Schwierigkeit: .... schwierig
Zeitaufwand: .... 5 bis 20 Minuten

Wenn Ihr Laufrad einen Achter oder Seitenschlag hat, spüren Sie das an Vibrationen und einem leichtem Gleichgewichtsverlust. Warten Sie mit dem Zentrieren des Laufrads nicht, bis der Schlag bzw. Achter zu groß wird, denn die Reparatur wird dann komplizierter.

Was brauchen Sie?

- Speichenschlüssel

Was Sie noch brauchen könnten

- Zentrierständer
- Kabelbinder

Bevor Sie anfangen

- Bauen Sie das Laufrad aus.
- Vergewissern Sie sich, dass keine Speiche gebrochen oder verbogen ist.
- Demontieren Sie ggf. den Reifen und entfernen Sie den Schlauch (siehe S. 128).

1

Spannen Sie das Laufrad in den Zentrierständer ein. Bringen Sie die Messfühler (A) so nahe heran, dass sie die Felge fast berühren.

Drehen Sie das Rad. Wenn es bei der Drehung einen der Messfühler berührt, ist es verbogen. Schleift die Felge z. B. am rechten Messfühler, sind die Speichen auf der rechten Seite zu sehr oder die Speichen auf der linken Seite zu wenig gespannt.

☺ Wenn Sie keinen Zentrierständer haben, können Sie Kabelbinder an der Gabel befestigen und auf die richtige Länge zuschneiden, damit sie die Rolle der Messfühler übernehmen.

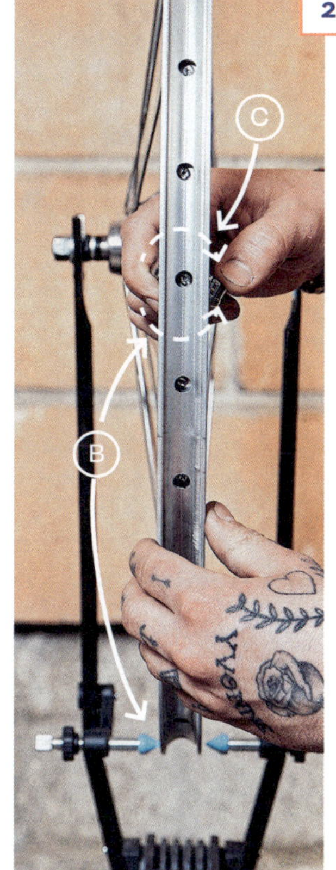

2

Suchen Sie die Speiche aus, die der Stelle, an der die Felge den Messfühler streift, am nächsten liegt. Liegt sie auf der Seite, wo die Felge Kontakt mit dem Messfühler hat, muss die Speiche durch eine Vierteldrehung des Speichennippels entspannt werden. Liegt sie der Kontaktstelle gegenüber, muss der Nippel um eine Vierteldrehung angezogen werden, um die Spannung zu erhöhen (B)(C).

☺ Sie ziehen eine Speiche an, indem Sie den Speichenschlüssel im Uhrzeigersinn drehen, während Sie von der Innenseite der Felge auf den Speichennippel schauen.

3

Wenn die Felge z. B. links auf der Höhe einer rechten Speiche schleift, dann ist diese nicht genügend gespannt, und Sie müssen – vom Speichennippel aus gesehen – diesen um eine Vierteldrehung im Uhrzeigersinn drehen. Wenn die Felge hingegen links auf der Höhe einer linken Speiche schleift, ist sie zu sehr gespannt, und man muss den Speichennippel um eine Vierteldrehung gegen den Uhrzeigersinn aufdrehen.

4

Wiederholen Sie diesen Vorgang so oft, bis Sie ein perfektes Ergebnis haben. Die Zentrierung ist abgeschlossen, wenn sich das Laufrad frei dreht, ohne die Messfühler zu berühren.

Die Zentrierung ist eine sehr heikle Angelegenheit. Wenn Sie Zweifel haben, wenden Sie sich an einen Fachmann.

Kaputte Speiche ersetzen

Schwierigkeit: mittel
Zeitaufwand: 20 Minuten

Es kann vorkommen, dass eine Speiche reißt – sei es durch simplen Verschleiß oder zu großen Druck; es gibt vielerlei Ursachen. In jedem Fall müssen Sie die Speiche umgehend austauschen, wenn Sie nicht wollen, dass andere Speichen durch den Dominoeffekt ebenfalls reißen.

Was brauchen Sie?

- neue Speiche in passender Art und Länge
- Speichenschlüssel
- Speichenkopf
- Schlitzschraubendreher

Was Sie noch brauchen könnten

- Zentrierständer
- Gewinde- bzw. Schraubensicherungslack

Bevor Sie anfangen

- Bauen Sie das Laufrad aus.
- Demontieren Sie den Reifen und entfernen Sie den Schlauch (siehe S. 128)
- Entfernen Sie das Felgenband.

1

Ziehen Sie den unteren Teil der gebrochenen Speiche von der Nabe ab. Wenn sich die gebrochene Speiche am Hinterrad auf der Seite des Ritzels befindet, müssen Sie die Kassette (siehe S. 120) oder den Freilauf (siehe S. 122) entfernen. Entfernen Sie den oberen Teil der Speiche von der Innenseite der Felge aus. Entnehmen Sie den Speichenkopf.

2

Stecken Sie die neue Speiche in das leere Loch im Nabenflansch.

△ Es gibt verschiedene Speichengrößen. Die neue Speiche muss denselben Durchmesser und dieselbe Länge haben wie die Originalspeiche. Im Zweifelsfall können Sie eine unbeschädigte Speiche ausbauen und zum Fahrradhändler bringen, damit er Ihnen eine identische Speiche besorgt.

3

Biegen Sie die Speiche bis zur Felge und achten Sie darauf, wie die anderen Speichen gekreuzt sind.

Jedes Mal, wenn die Speiche eine andere Speiche kreuzt, müssen Sie sich entscheiden, ob Sie sie darüber oder darunter ziehen wollen. Achten Sie darauf, wie die anderen Speichen desselben Rades montiert wurden.

4

Ziehen Sie das Ende der Speiche durch die Felge und montieren Sie einen neuen Speichenkopf. Es kann sein, dass Sie die Speiche verformen müssen, damit sie in die Felge passt.

☺ Sie können den Speichenkopf mit Gewinde- oder Schraubensicherungslack fixieren.

5

Ziehen Sie den Speichenkopf mit Schraubendreher und Speichenschlüssel an. Die neue Speiche muss in etwa dieselbe Spannung haben wie die anderen. Zentrieren Sie schließlich das Laufrad (siehe S. 142).

☺ Klemmen Sie die Speichen paarweise mit Daumen und Zeigefinger zusammen, um die Speichenspannung manuell zu prüfen.

Bremsscheiben zentrieren

Schwierigkeit: .... mittel
Zeitaufwand: .... 5 Minuten

Durch einen Sturz oder auch durch einen Stoß oder Aufprall können Ihre Bremsscheiben verbogen werden. Dann kann die Bremsscheibe bei jeder Radumdrehung an Bremsbelägen reiben und damit das Fahrverhalten beeinträchtigen und die Beläge können vorzeitig verschleißen.

Was brauchen Sie?

- Bremsscheiben-Richtwerkzeug

Was Sie noch brauchen könnten

- Montageständer
- Schraubenschlüssel

1

Drehen Sie das Laufrad, um die Stelle der Bremsscheibe zu finden, die am Bremsbelag schleift.

2

Setzen Sie das Bremsscheiben-Richtwerkzeug an dieser Stelle an und üben Sie leichten Druck in die entgegengesetzte Richtung der Seite aus, die den Bremsbelag berührt. Gehen Sie schrittweise vor und wiederholen Sie den Vorgang mehrmals.

Wenn Sie kein Richtwerkzeug haben, können Sie einen verstellbaren Schraubenschlüssel (Franzosen) verwenden, aber vermeiden Sie die Verwendung einer Zange, deren Zähne die Scheibe beschädigen könnten.

Verglaste Bremsbeläge entfetten

Schwierigkeit: .... leicht
Zeitaufwand: .... 5 Minuten

Was brauchen Sie?

- Schleifpapier
- Bremsscheibenreiniger

Bevor Sie anfangen

- Bauen Sie das Laufrad aus.
- Bauen Sie die Bremsbeläge aus (siehe S. 126).

Bremsbeläge unterliegen einem Phänomen, das man als »Verglasen« bezeichnet und das mit einer mehr oder weniger stark verminderten Bremswirkung und einem lauten Quietschen einhergeht. Dies geschieht in der Regel, wenn die Bremsbeläge nicht richtig eingebremst wurden oder wenn Fett mit den Belägen in Berührung gekommen ist. Obwohl dies oft irreversibel ist, kann man versuchen, die verglasten Bremsbeläge zu retten bzw. zu entfetten.

1

Wenn Sie bei der Demontage feststellen, dass Ihre Bremsbeläge einen glänzenden Schimmer aufweisen, sind sie höchstwahrscheinlich verglast.

2

Legen Sie Schleifpapier auf einen Tisch und reiben Sie die Oberfläche der Bremsscheiben daran, um die verglaste Schicht zu entfernen. Achten Sie unbedingt darauf, dass die Beläge plan auf dem Papier aufliegen!

3

Die Oberfläche sollte matter und heller als vorher sein.

△ Zu stark abgenutzte Bremsbeläge haben eine zu dünne Beschichtung oder Absplitterungen und Risse auf der Oberfläche. In diesem Fall müssen Sie die Beläge austauschen (siehe S. 126).

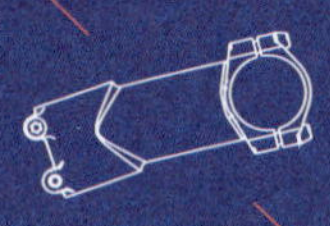

KAPITEL 4

... und mehr

Darüber hinaus

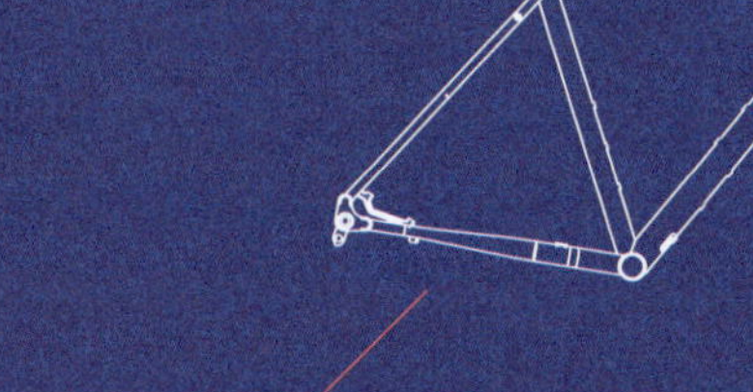

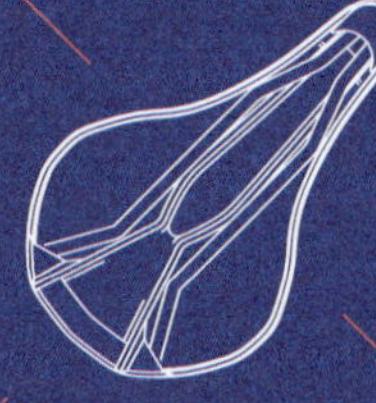

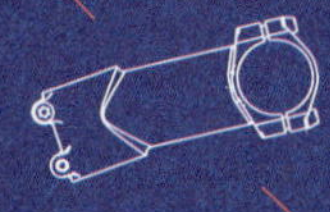

Wartungskalender für den Fahrradcheck

Wenn Sie lange Freude an Ihrem Fahrrad haben möchten, müssen Sie es regelmäßig warten. Sie können einerseits beim Fahrradhändler einmal im Jahr eine Inspektion machen lassen, um zu prüfen, ob alles in Ordnung ist, Sie können aber einige einfache Wartungs- und Überholungsarbeiten auch zuhause erledigen. Um Ihnen dabei zu helfen, haben wir hier die wichtigsten Wartungsarbeiten aufgelistet. Legen sie los!

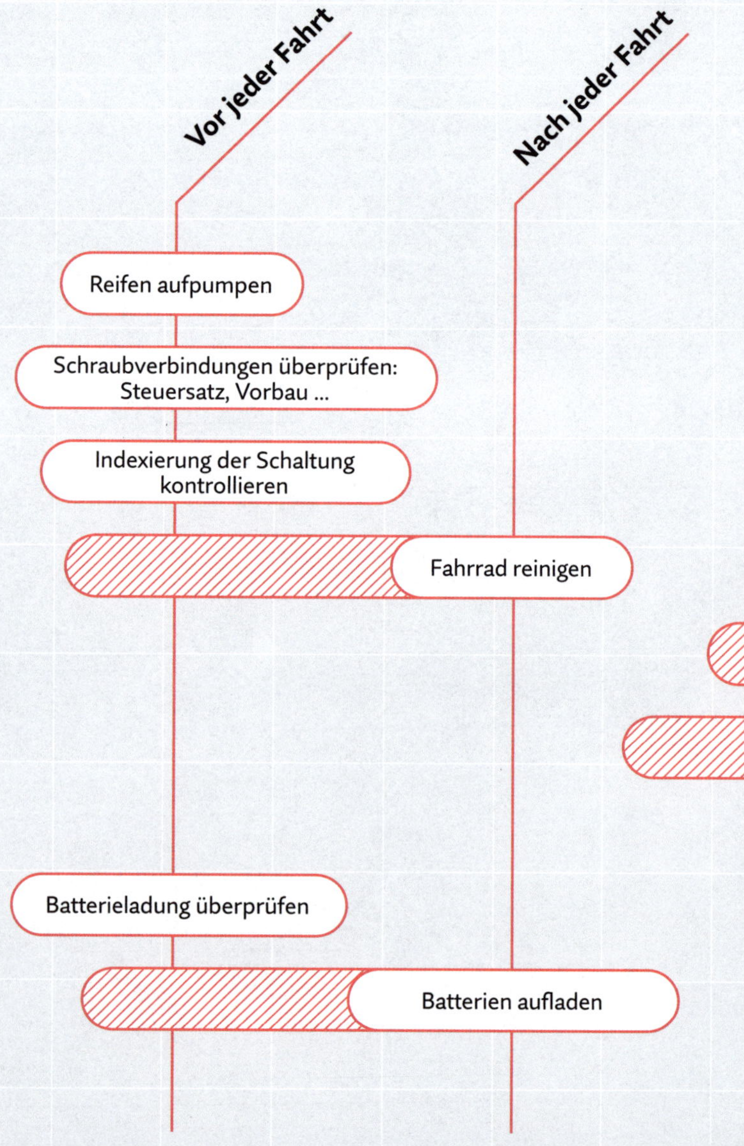

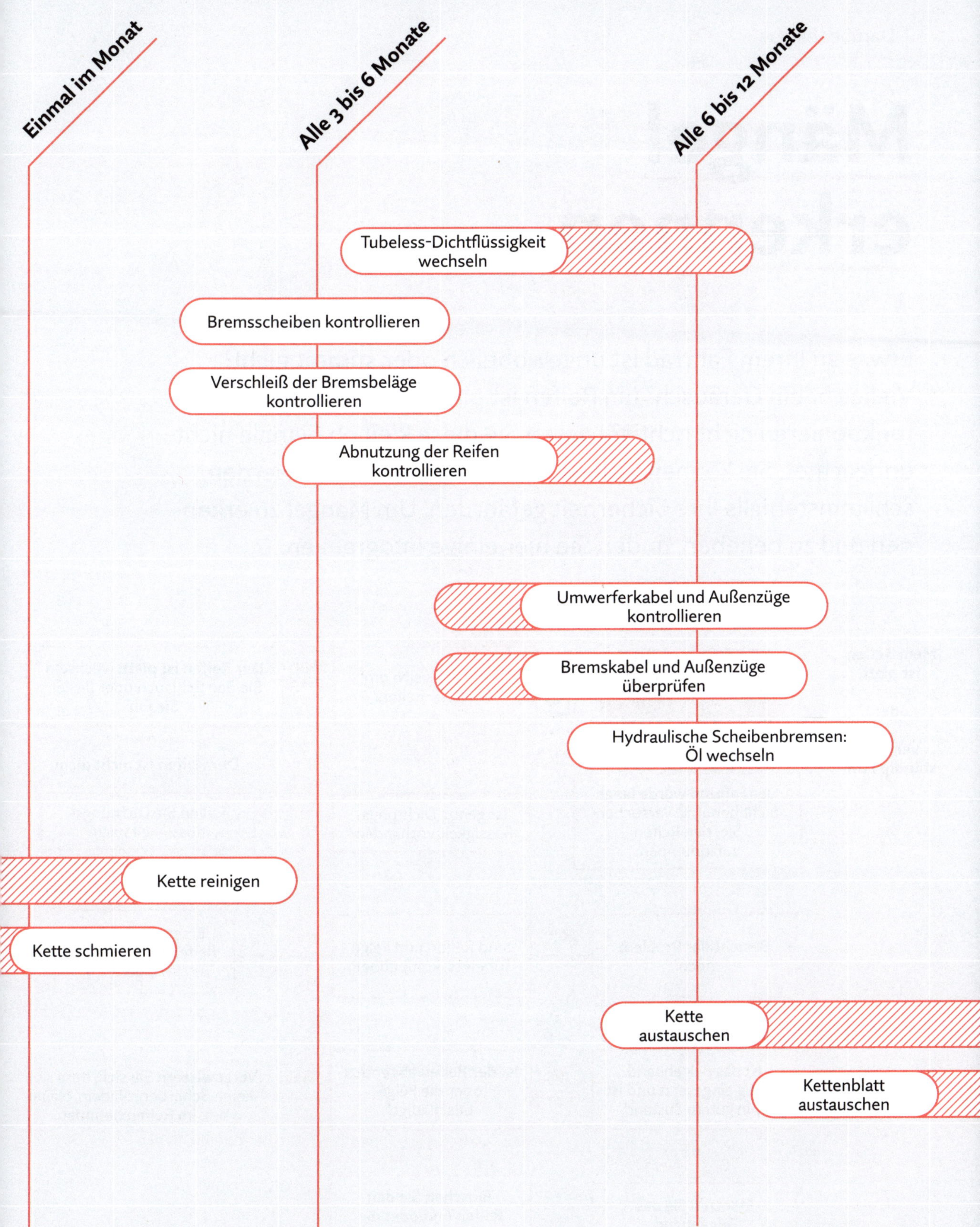

Einmal im Monat
Alle 3 bis 6 Monate
Alle 6 bis 12 Monate
Tubeless-Dichtflüssigkeit wechseln
Bremsscheiben kontrollieren
Verschleiß der Bremsbeläge kontrollieren
Abnutzung der Reifen kontrollieren
Umwerferkabel und Außenzüge kontrollieren
Bremskabel und Außenzüge überprüfen
Hydraulische Scheibenbremsen: Öl wechseln
Kette reinigen
Kette schmieren
Kette austauschen
Kettenblatt austauschen

Mängel erkennen

Etwas an Ihrem Fahrrad ist ungewöhnlich oder stimmt nicht? Vielleicht ein Geräusch? Ein Reifen ist platt oder die Bremsen funktionieren nicht richtig? Lassen Sie diese kleinen Signale nicht unbeachtet. Sie können schnell zu einer echten Panne werden, schlimmstenfalls Ihre Sicherheit gefährden. Um Mängel zu erkennen und zu beheben, finden Sie hier einige Infografiken.

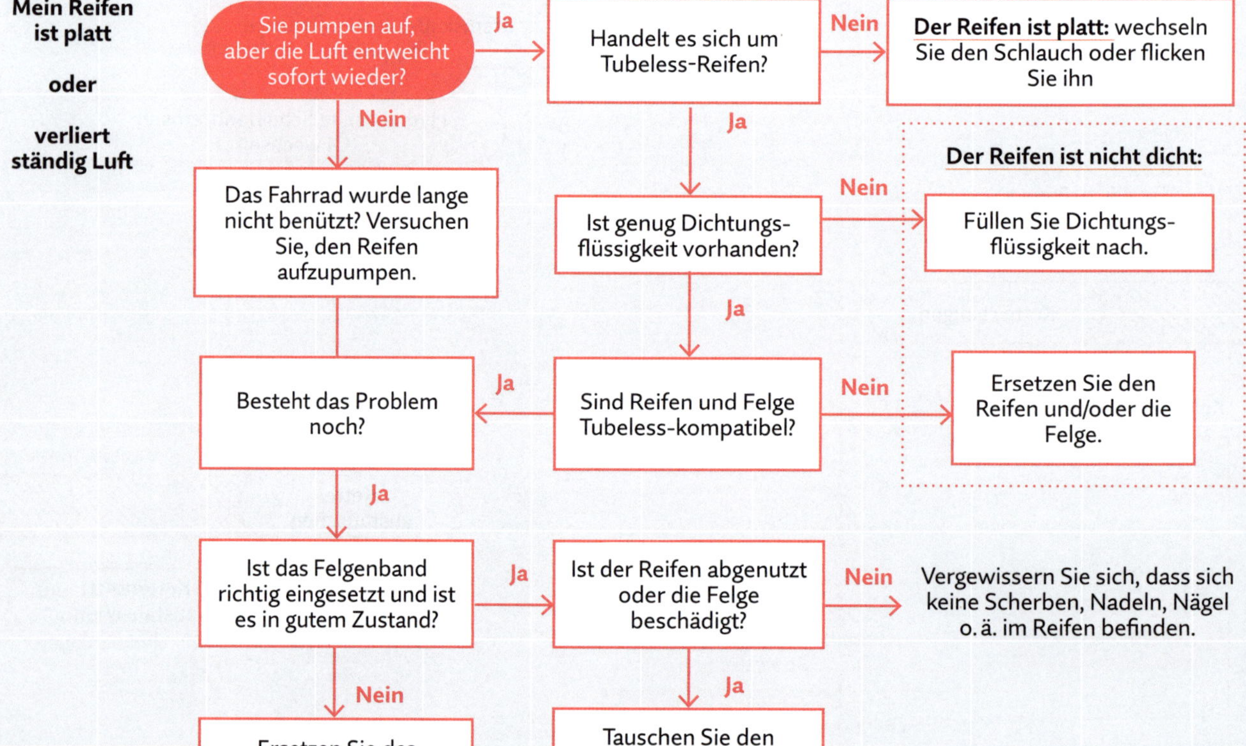

Ich kann nicht mehr bremsen oder Die Bremsen sind weich und wenig wirksam.

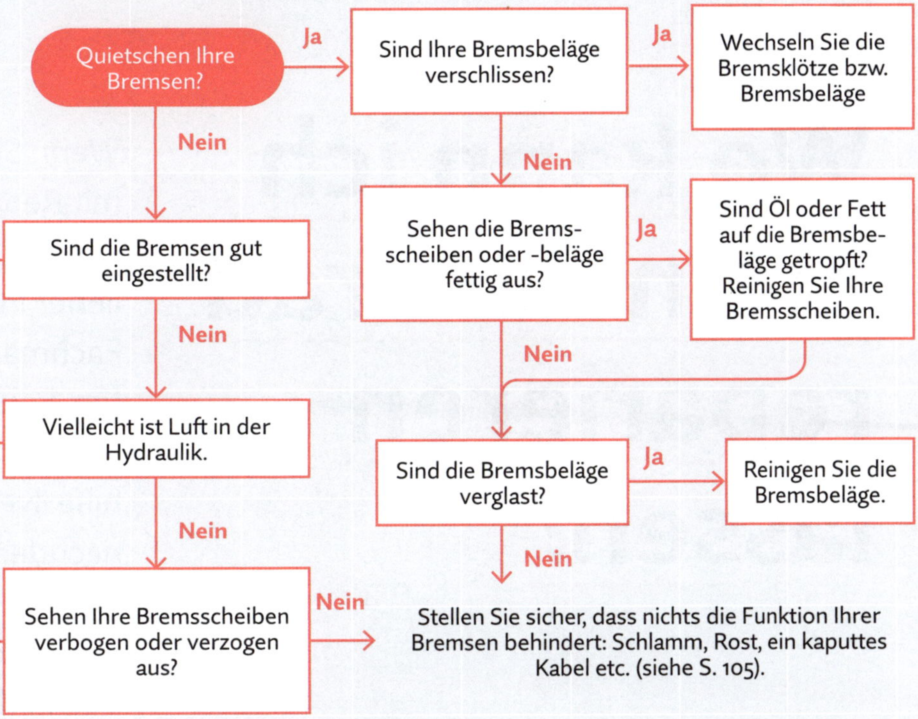

- Quietschen Ihre Bremsen?
  - Ja → Sind Ihre Bremsbeläge verschlissen?
    - Ja → Wechseln Sie die Bremsklötze bzw. Bremsbeläge
    - Nein → Sehen die Bremsscheiben oder -beläge fettig aus?
      - Ja → Sind Öl oder Fett auf die Bremsbeläge getropft? Reinigen Sie Ihre Bremsscheiben.
      - Nein → Sind die Bremsbeläge verglast?
        - Ja → Reinigen Sie die Bremsbeläge.
        - Nein → Stellen Sie sicher, dass nichts die Funktion Ihrer Bremsen behindert: Schlamm, Rost, ein kaputtes Kabel etc. (siehe S. 105).
  - Nein → Sind die Bremsen gut eingestellt?
    - Nein → Stellen Sie die Bremsen ein.
    - Nein → Vielleicht ist Luft in der Hydraulik.
      - Ja → Entlüften Sie die Bremsen.
      - Nein → Sehen Ihre Bremsscheiben verbogen oder verzogen aus?
        - Ja → Zentrieren Sie die Bremsscheibe oder tauschen Sie sie aus.
        - Nein → Stellen Sie sicher, dass nichts die Funktion Ihrer Bremsen behindert: Schlamm, Rost, ein kaputtes Kabel etc. (siehe S. 105).

Die Gänge lassen sich nicht schalten oder springen heraus

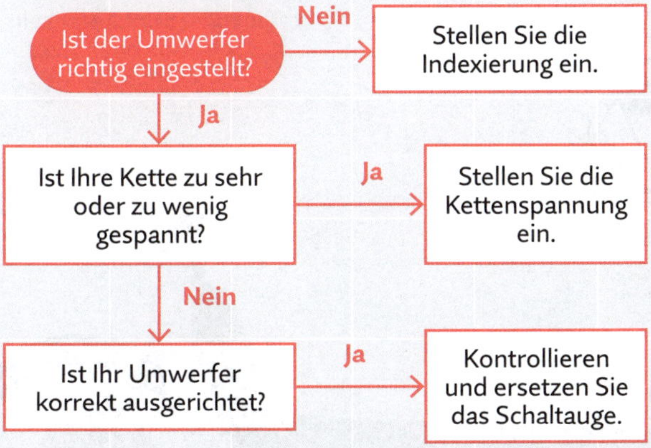

- Ist der Umwerfer richtig eingestellt?
  - Nein → Stellen Sie die Indexierung ein.
  - Ja → Ist Ihre Kette zu sehr oder zu wenig gespannt?
    - Ja → Stellen Sie die Kettenspannung ein.
    - Nein → Ist Ihr Umwerfer korrekt ausgerichtet?
      - Ja → Kontrollieren und ersetzen Sie das Schaltauge.

Meine Kette quietscht und knackt

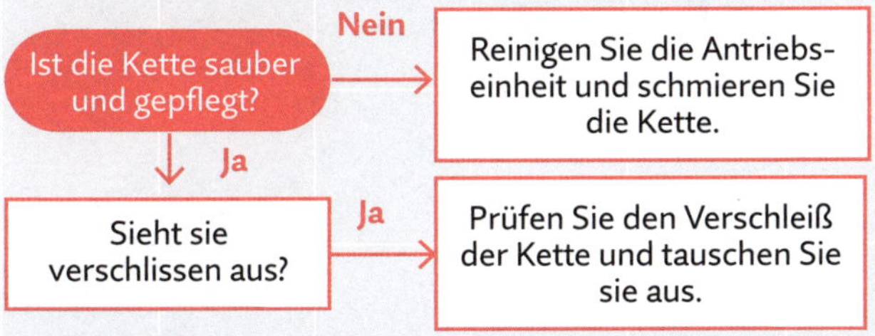

- Ist die Kette sauber und gepflegt?
  - Nein → Reinigen Sie die Antriebseinheit und schmieren Sie die Kette.
  - Ja → Sieht sie verschlissen aus?
    - Ja → Prüfen Sie den Verschleiß der Kette und tauschen Sie sie aus.

Das Rad läuft nicht rund

- Ist das Rad richtig eingesetzt?
  - Nein → Positionieren Sie das Rad korrekt in den Ausfallenden.
  - Ja → Ist eine Speiche gebrochen?
    - Ja → Ersetzen Sie die Speiche.
    - Nein → Ist das Laufrad verzogen?
      - Ja → Zentrieren Sie das Laufrad.
      - Nein → Ist der Reifen abgenutzt oder ist der Schlauch falsch eingesetzt?
        - Ja → Ersetzen Sie den Reifen und/oder setzen Sie den Schlauch neu ein.

Wo kann ich mein Fahrrad reparieren lassen?

Wenn Sie sich nicht selbst mit Reparaturen beschäftigen wollen, sondern sich lieber in die Hände eines Fachmanns begeben möchten, können Sie sich an Fahrradhändler oder Selbsthilfe-Netzwerke wenden, je nachdem, was Sie wollen, wie viel Geld Sie ausgeben möchten und wie gut Sie sich in der Fahrradmechanik auskennen.

Die Arbeit von einem Fachmann erledigen lassen

In der Werkstatt oder im Geschäft: Wenden Sie sich, so wie wir, an den kleinen Fahrradhändler in Ihrer Nachbarschaft, mit dem Sie Kontakte knüpfen, Zeit verbringen und von dem Sie wertvolle Ratschläge bekommen können.

Dies ist natürlich die für Sie einfachste Lösung, da der Fachmann sich um alles kümmert. Bei den meisten Anbietern können Sie auch Ihr Elektrofahrrad warten und reparieren lassen.

Auf der Straße: Seit einiger Zeit gibt es in mehreren Städten ein Angebot an ambulanten Reparaturwerkstätten. In Berlin sind dies etwa die RadAmbulanz oder der Service von Veloyo, in München LiveCycle und Go Bike Service und in Hamburg LiveCycle, Go Bike Service und Veloyo. Ein Blick ins Internet gibt Aufschluss. Auch der – man höre und staune – ADAC bietet einen Fahrradservice vor Ort an.

Lernen Sie von Profis und Amateuren

Wenn Sie mechanisch unabhängiger werden möchten, können Sie dies auch in einer Selbstreparaturwerkstatt lernen: Dies ist ein Raum, der mit allen notwendigen Werkzeugen ausgestattet ist und in dem Sie immer von Fachleuten und/oder Amateuren begleitet werden, die Sie anleiten können. Die meisten dieser Selbstreparaturwerkstätten sind gemeinnützige Organisationen, die auch Wiederverwendung fördern. Es handelt sich also um eine wirtschaftliche und bereichernde Lösung in Bezug auf Wissen und Knowhow.

Mechanikerinnen willkommen!

Wenn Sie eine Frau sind und sich nicht trauen, Ihre ersten Schritte in einer mechanischen Werkstatt zu machen, sollten Sie wissen, dass es in vielen Werkstätten geschlechtergetrennte Sprechstunden gibt. Diese Angebote ermöglichen es Ihnen, die Mechanik zusammen mit anderen Frauen zu entdecken, sich diesen oft sehr männlichen Bereich zu erobern und dabei Selbstvertrauen zu gewinnen. Wenn es in Ihrer Lieblingswerkstatt keine Angebote gibt, können Sie solche auch selbst organisieren!

Do-it-yourself mit Beratung

Wenn Sie lernen wollen, Ihr Fahrrad in Ihrem Keller oder Wohnzimmer selbst zu reparieren, ist das sicher sehr anerkennenswert! Es ist immer die billigste und nachhaltigste, aber vielleicht auch die zeitaufwendigste und zu Beginn nicht die sicherste Lösung. Wertvolle Tipps finden Sie natürlich in den Kapiteln 2 und 3 dieses Buches, aber auch im Internet, etwa bei Youtube. Hier finden Sie eine Fülle von Informationen zur Wartung und Step-by-step-Reparaturanleitungen, die für Sie sehr nützlich sind.

Sie können Ihre Fragen bezüglich der Mechanik auch in bestimmten Facebook-Gruppen stellen, indem Sie nach Fahrradsportarten (Gravel, Reisen, Mountainbike ...) oder nach geografischen Gebieten suchen.

Glossar

R E C D F P M R A H M E N L J J
R Z L C Q Z D F S P D F T I O L
W L U R A T I U E R I T Z E L R
Q O M O K F B E I J M K F P E F
M J W S E O L U R E N T L F J P
B Y E S T U T O U I S E T T G K
W J R C T A B O T A L M G P I H
K T F O E C I C T C X I T D U O
Ä C W U N R K N O E N D U R O M
N V R N B D E C O C O T T E Z E
N H B T L B P S D I P K M S K T
E G P R A O A T U B E L E S S R
F U F Y T N C L R O Q M E D E A
L I Y G T A K P B R P F S L I I
S D T A W B I Q A C N P C S Ö N
E O X P V E N X I Z H Q S P F E
S L P E A U G B N G C F J D V R
J I V T T M A I V E L L E M I I
A N T R I E B S E I N H E I T M
K E Z E P N Z A R G O L I I R A

Der Fahrradjargon ist reichhaltig und kann ein echtes Labyrinth sein, in dem man sich leicht verirren kann. Dieses Glossar ist natürlich nicht vollständig – da wäre ein komplettes Wörterbuch erforderlich -, aber wir haben die Wörter ausgewählt, zu denen wir am häufigsten gefragt werden und die in diesem Buch vorkommen.

All-Mountain oder Mountainbiking ist eine Sportart, die auf jedem erdenklichen Niveau ausgeübt werden kann. Das Ziel ist es, auf unbefestigten Pfaden zu fahren, Buckel zu nehmen, Hindernissen auszuweichen, zu klettern, zu springen ...

Antriebseinheit: Die Gesamtheit der Fahrradteile, die das Fahrrad durch die Bewegung der Beine antreiben: das Tretlager, die Kette, die Ritzel ...

Bikepacking, Zusammenziehung der Wörter *Bike* und *Backpacking*: Fahrradreisen, bei denen das Gepäck für mehrere Tage mitgeführt wird – meist in Taschen, die am Fahrrad befestigt werden, manchmal auch im Rucksack.

Bügelschloss: Keine hundertprozentige, aber wirksame Diebstahlsicherung.

Cleats/Schuhplatten: Systeme zum Einrasten der Schuhe in der Halterung von Klickpedalen. Man unterscheidet SPD-Platten oder Look Keo-Platten.

Cross-country: Eine Sportart auf Crossrädern oder Mountainbikes, bei der es auf Geschwindigkeit und Leistung ankommt. Derzeit die einzige Mountainbike-Disziplin, die bei den Olympischen Spielen ausgetragen wird.

DH oder Downhill: eine Mountainbike-Disziplin, bei der es darum geht, so schnell wie möglich bergab zu fahren und dabei Hindernissen auszuweichen.

Enduro: Eine Mountainbike-Disziplin, die zwischen Cross-Country und Downhill liegt.

Hometrainer: Ein Gerät, mit dem man in geschlossenen Räumen trainieren kann: Indem man sein Fahrrad auf einem Rollensystem befestigt, kann man fahren, ohne sich fortzubewegen.

Kettenblatt: Ein Zahnkranz, der an der rechten Tretkurbel befestigt ist und die Tretkraft auf die Kette überträgt. Je mehr Zähne auf dem Kettenblatt vorhanden sind, desto mehr Kraft ist erforderlich, um in die Pedale zu treten und desto schneller fährt man. Es gibt Fahrräder mit einem Kettenblatt, zwei Kettenblättern und drei Kettenblättern.

Kurbel: Das Teil, das die Pedale mit dem Tretlager (und damit mit Ihrem Fahrrad) verbindet.

Laufrad: Das Rad des Fahrrads, bestehend aus Achse, Nabe, Flansch, Speichen, Felge, Reifen.

Nabe: Der mittlere Teil des Laufrads. Manchmal ist dort ein Dynamo verbaut, der beim Fahren elektrische Energie für die Beleuchtung liefert.

Rahmen: Der in der Regel aus Rohren (Stahl, Alu, Carbon, Bambus) bestehende Träger des Fahrrads, an dem alle weiteren Teile (Gabel, Laufräder, Sattel, Lenker, Antriebseinheit etc.) befestigt sind.

Reflektor: Ein kleines rotes, gelbes oder orangefarbenes Element, das an den Laufrädern, den Pedalen oder am Gepäckträger befestigt wird und Licht aus Quellen anderer Verkehrsteilnehmer (Autoscheinwerfer) zurückwirft.

Ritzel: Ein Zahnkranz, der an der Achse des Hinterrads befestigt ist. Mehrere Ritzel, die unterschiedliche Übersetzungen ermöglichen, bilden eine Kassette.

Schaltwerk: Bauteil (am Hinterrad), mit dem die Kette zwischen Ritzeln verschiedener Größe hin und her bewegt wird.

SPD: Ein Befestigungssystem von Schuhen an Klick-Pedalen von Mountainbikes.

Tubeless: Ein Verfahren zum Aufpumpen von Reifen ohne Verwendung eines Schlauchs.

Umwerfer: Bauteil (am Tretlager), mit dem die Kette zwischen Kettenblättern verschiedener Größe hin und her bewegt wird.

ISBN 978-3-8094-4738-2

1. Auflage

Die Originalausgabe erschien unter dem Titel *Vélos pratiques*.

Fotos: Laurent Belando, Malo
Graphiken: Graphium

Projektleitung dieser Ausgabe: Dr. Iris Hahner
Umschlaggestaltung: Olivier Martin und Thibaut Galix
Übersetzung: Margit Findl, München
Producing: Dr. Alex Klubertanz, Haßfurt
Herstellung: Franziska Polenz

Penguin Random House Verlagsgruppe FSC® N001967

Druck und Bindung: Alföldi Nyomda Zrt., Debrecen
Printed in Hungary